PERFORMING COMPLEXITY:
BUILDING FOUNDATIONS FOR
THE PRACTICE OF COMPLEX THINKING

演绎复杂性:
建立复杂思维的实践基础

[葡]安娜·特谢拉·德·梅洛（Ana Teixeira de Melo） 著

张 杰 曹 晖 等 译著

北京理工大学出版社
BEIJING INSTITUTE OF TECHNOLOGY PRESS

版权专有 侵权必究

图书在版编目（CIP）数据

演绎复杂性：建立复杂思维的实践基础 /（葡）安娜·特谢拉·德·梅洛著；张杰等译著. -- 北京：北京理工大学出版社，2025.7.
ISBN 978-7-5763-5603-8

Ⅰ. N94

中国国家版本馆 CIP 数据核字第 2025ME3878 号

北京市版权局著作权合同登记号 图字：01-2024-5067
First published in English under the title
Performing Complexity: Building Foundations for the Practice of Complex Thinking
by Ana Teixeira de Melo, edition: 1
Copyright © Ana Teixeira de Melo, under exclusive license to Springer Nature Switzerland AG, 2020
This edition has been translated and published under licence from
Springer Nature Switzerland AG.
Springer Nature Switzerland AG takes no responsibility and shall not be made liable for the accuracy of the translation.

责任编辑：曾 仙		**文案编辑**：曾 仙	
责任校对：刘亚男		**责任印制**：李志强	

出版发行 / 北京理工大学出版社有限责任公司
社　　址 / 北京市丰台区四合庄路 6 号
邮　　编 / 100070
电　　话 /（010）68944439（学术售后服务热线）
网　　址 / http://www.bitpress.com.cn

版 印 次 / 2025 年 7 月第 1 版第 1 次印刷
印　　刷 / 廊坊市印艺阁数字科技有限公司
开　　本 / 710 mm × 1000 mm　1/16
印　　张 / 6.75
字　　数 / 76 千字
定　　价 / 42.00 元

图书出现印装质量问题，请拨打售后服务热线，负责调换

翻译团队

主　译：张　杰　曹　晖
副主译：白丽君　薛霜思
参　译：(排名不分先后)
　　　　孙继成　陆　洲　冀敏慧　申美伦
　　　　李　楠　谭浚楷　石天卓　房佳玥
　　　　刘科均　刘懋源　潘怡臻

译者序

在这个充满不确定性和不断变化的时代，复杂性科学为我们提供了一个理解和应对世界的全新视角。首次读到 Ana Teixeira de Melo 的这本著作，译者就被其中的深刻见解和对复杂性的独特处理方式深深吸引。面对日益复杂的挑战，人类比以往任何时候都更需要接受复杂性，了解其基本过程，并建立有效的管理方法。但是，我们对世界复杂性的理解，与我们对自身复杂性的理解，以及我们作为复杂性的产物和生产者所扮演的角色息息相关。我们有必要发展与复杂性更加一致的思维模式：不仅能关注复杂性，而且能表现复杂性。本书将复杂思维的概念建立在关系实用主义世界观的基础上，在这一世界观中，复杂性被构建为一个相对的、不断发展的概念和一个关系过程：既是一个过程，也是观察者与世界之间耦合关系的结果。通过定义一系列维度和属性，本书为复杂思维的概念提出了一个基本框架，这些维度和属性共同为进一步开发一个语用框架和元方法学方法奠定了基础，以便在试图理解和管理复杂系统变化的过程中发挥复杂性的作用。在翻译过程中，译者深入了解了如何通过非线性思维捕捉现实的动态复杂性，并尝试将作者关于复杂思维的理念（如一阶、二阶或突发性思维等）准确无误地进行翻译。

本书的作者 Ana Teixeira de Melo 是葡萄牙科英布拉大学社会研究中心的

研究员。她是葡萄牙心理学家协会会员、社区心理学高级专业临床心理学专家。她的研究和实践重点包括家庭及其社区，以及繁荣和幸福、积极变化和复原力的基本过程。

本书以非线性思维探讨复杂性思维，强调部分间的动态关系，书中的内容是在探索复杂性思维理念的过程中逐渐建立起来的。虽然复杂思维的概念已广泛使用，但作者认为其理论和语用性的发展仍需加强。本书的目标是进一步建立复杂思维的语用理论框架，为研究人员、普通从业人员、管理者、决策者及生活中面临复杂性的所有人提供有益思路。虽然书中的很多观点并非全新，但作者希望通过整合这些观点，为理论、研究和实践的发展开辟一个新的跨学科领域，以创建一个更复杂但更美好的世界。

虽然我们已经尽了最大努力，但限于专业知识和英语水平，译文中难免有疏漏之处，敬请读者提出宝贵意见，联系邮箱：zhangjie78@fmmu.edu.cn。

张杰

空军军医大学

序

本书以线性形式呈现，由各章和各小节依序组成。然而，支持本书内容的思维并不是线性发展的，写作过程亦然。每部分都是在与其他部分的关系中发展起来的，一个部分的进展亦会导致其他部分发生变化。对各部分核心思想的理解很可能只能在各部分的互动中明了。因此，在后续部分进一步阐明前，有些部分可能读起来不够清楚。在某些段落，会总结以前所提出的观点。这是因为：一方面，这些观点值得根据最近的声明重新审视；另一方面，这些观点有助于加强、阐明或确定最近的观点的背景。然而，读者可能会有一种"似读非读"的感觉。我们建议读者采取一种开放的态度，并锻炼某种形式的递归思维（这是复杂思维的必然结果）。要相信，在其递归性中，所提出的观点的细微差别及影响将变得更加明晰。本书的工作不是封闭的，且不是完整的，其目的是构建一个基础，望其成为一个跨学科探索复杂思维理念的理论、经验和实践上的专业领域。

本序不是一篇文献综述，而是试图向读者介绍一些由复杂性科学带来的关键思想和复杂性思维的挑战。本书探讨了在文献中流传已久，由 Morin 提出的复杂思维的概念。这个概念虽被多次使用（亦可能被滥用），但据笔者所知，自 Morin 的早期提议以来，这个概念并没有得到重大发展，特别是在语用性方面。

复杂思维的概念需要进一步发展为一个有理论依据但又语用的框架，它可以为下述人员的工作提供思路：①探索复杂性的奥意和惊喜，并试图理解其基本过程的研究人员；②每天处理现实世界中管理变化的挑战的普通从业人员；③在不确定和不完整的知识背景下面临困难决策的管理者和政策制定者；④各种各样的人，他们的存在（在他们自己、他们的关系和他们周围的环境中）创造了复杂性，但对如何改变他们的轨迹或管理他们自己的创造并不总是知道答案。我们试图为进一步发展一种旨在理解和执行复杂性的语用方法打下基础。本书提出的大部分论点都不是新的；它们以前也被探讨过，比我们在此所做的要雄辩、优雅和严谨得多。然而，我们希望能通过将这些观点汇集在一起的方式产生一些有意义的、相关的新意，为理论、研究和实践的发展开辟一个新的跨学科探索领域，将科学家、哲学家、艺术家、实践者和政策制定者，以及不同的艺术家群体和我们其他人聚集在一起，建设一个更复杂但更美好的世界。

安娜·特谢拉·德·梅洛
（Ana Teixeira de Melo）
于葡萄牙科英布拉

鸣　谢

Ana Teixeira de Melo 是葡萄牙科英布拉大学社会研究中心的研究员。本项工作得到了葡萄牙科学技术基金会（FCT）的支持，通过第 57/2017 号法律修改的 DL 57/2016 过渡规范（DL57/2016/CP1341/CT001）。本项工作的初步研究得到了博士后研究金［SFRH/BPD/77781/2011］的支持。

感谢约克跨学科系统分析中心（YCCSA）和约克大学计算机科学系在 2016—2018 年间多次接收我作为访问学者。在 YCCSA 度过的时间为我提供了令人难忘的、深刻而丰富的跨学科经验，这对我的思维发展和本书的工作产生了巨大的影响。感谢 YCCSA 驻地工作人员的热情好客、开放和学术上的慷慨分享，以及 YCCSA 为思想的孵化提供的良好氛围；感谢社会研究中心对这次交流的支持。

本书中探讨的许多想法都是在 Leo Caves 和我共同研究"园艺"（Caves et al., 2018）期间萌芽的。我们围绕那份手稿进行的讨论，培养了我的兴趣和好奇心，并引导我更深入地了解复杂思维的概念，并探索我们在该书章节中关系性元素之外的其他属性。本书中介绍的工作也得益于我们通过"复杂思维学院"的首批经验，在实践中进行的探索性尝试。事实上，理论与实践一直在相互影响、递归的关系中共同发展。作为一名家庭科学家和家庭心理学家，我的研究和实践也有助于加深和完善我对复杂思维的理论思考。

我感谢所有接受挑战的实践者团队，他们与我一起探索复杂思维的实践，制定了"复杂案例概念化指南"，以支持《国际教育标准分类法》的实施，评估和促进家庭变化的潜力（繁荣、幸福、积极变化、复原力）。特别感谢 St. Casa da Misericórdia da Murtosa 的 Adriana Dias、Andreia Neves、Dina Reis，Marinha Grande Crescer Ser 协会 CAFAP 的 Patrícia Calado 和 Ema Lopes，CAFAP Raio de Sol 的 Claúdia Fernandes、Vania Lemos 和 Carina Terra，以及 CAFAP Quinta do Ribeiro 的 Ana Vita、Catarina Gomes、Patrícia Almeida 和 Ana Luísa Almeida。长期以来，这些了不起的实践者一直是我研究计划和学习的组成部分。

关于本书

复杂性科学将我们带入了一个具有非凡能力的多维世界，它对我们的习惯逻辑、理解和管理变化的能力提出了挑战。面对日益复杂的挑战，人类比以往任何时候都更需要接受复杂性，了解其基本过程，并建立有效的管理方法。但是，我们对世界复杂性的理解与我们对自身复杂性的理解，以及我们作为复杂性的产物和生产者所扮演的角色息息相关。我们有必要发展与复杂性更加一致的思维模式：不仅能够关注复杂性，而且能够表现复杂性。受复杂世界特性的启发，我们探讨了复杂思维（一阶、二阶或突发性）的概念，将其作为在我们的思维层面上为复杂性的实现创造条件、扩大我们行动可能性的实践；我们将复杂思维与归纳思维的形式联系起来。我们将复杂思维的概念建立在关系实用主义世界观的基础之上，在这一世界观中，复杂性被构建为一个相对的、不断发展的概念和一个关系过程：既是一个过程，也是观察者与世界之间耦合关系的结果。通过定义一系列维度和属性，我们提出了复杂思维概念的操作建议，这些维度和属性共同为进一步发展实用主义框架和元模式奠定了基础。

目 录

1 引言：思维复杂性 ··· 1
  1.1 思维模式 ·· 2
  1.2 思维复杂性 ·· 3
  1.3 复杂的思考方式 ·· 8
  1.4 参考文献 ·· 10

2 复杂性和复杂思维的关系框架 ·· 18
  2.1 复杂性是什么，在哪里？ ··· 18
  2.2 复杂的关系性世界观：从差异性和整合性，到递归
       性和涌现性 ·· 21
  2.3 复杂性的（共同）进化 ··· 23
  2.4 耦合认知 ·· 27
  2.5 从关系复杂性到相对复杂性 ···································· 30
  2.6 参考文献 ·· 40

3 作为耦合的观察者 – 世界的复杂思维：过程和结果 ············ 46
  3.1 复杂思维是一种耦合模式 ······································· 47
  3.2 复杂思维的维度和属性 ··· 48

3.3 一阶和二阶或涌现复杂思维 ·············· 55
3.4 思维的过程和内容：复杂思维，复杂性思维和复杂系统思维 ······ 61
3.5 参考文献 ·············· 63

4 复杂思维的操作框架 ·············· 67
4.1 结构的复杂性 ·············· 73
4.1.1 结构的多样性和维度 ·············· 74
4.1.2 关系性 ·············· 74
4.1.3 递归性 ·············· 74
4.2 动态/过程的复杂性 ·············· 75
4.2.1 时间尺度 ·············· 75
4.2.2 动态过程 ·············· 75
4.2.3 相对性、模糊性和不确定性 ·············· 75
4.3 因果关系和解释的复杂性 ·············· 76
4.3.1 互补模式与最终结果 ·············· 76
4.3.2 历史性 ·············· 76
4.3.3 复杂循环性 ·············· 76
4.3.4 涌现 ·············· 77
4.4 对话的复杂性 ·············· 77
4.4.1 二元性和互补性 ·············· 77
4.4.2 三元性与层次 ·············· 78
4.5 观察者的复杂性 ·············· 78
4.5.1 多重定位 ·············· 78
4.5.2 反射性 ·············· 79
4.5.3 意向性 ·············· 79
4.6 发展性和适应性的复杂性 ·············· 79

- 4.6.1 发展的适应性价值 ······ 79
  - 4.6.2 发展演化性 ······ 80
- 4.7 语用的复杂性 ······ 80
  - 4.7.1 语用价值 ······ 80
  - 4.7.2 语用可持续性 ······ 80
- 4.8 伦理与美学的复杂性 ······ 81
  - 4.8.1 伦理价值 ······ 81
  - 4.8.2 美学价值 ······ 81
- 4.9 叙事的复杂性 ······ 81
  - 4.9.1 分化和整合 ······ 81
  - 4.9.2 身份性 ······ 82
  - 4.9.3 灵活性/开放性 ······ 82
- 4.10 参考文献 ······ 82

5 讨论：从思考到执行的复杂性 ······ 84
- 5.1 从思考到执行的复杂性 ······ 84
- 5.2 参考文献 ······ 87

6 尾页 ······ 89

1

引言：思维复杂性

摘要：人类的历史是人类在不同维度上与世界联系和行为方式转变的历史（Baggini，2018）。不同价值体系形成的不同思维方式，引发和促进了不同的行为方式。Gershenson 等（2004）充分阐述了思维复杂性的必要性，其在诸如"复杂思维""复杂性思维""复杂系统思维"等概念的传播中可见一斑。然而，这些概念的定义并不总是很清楚，它们的使用可能涉及截然不同的逻辑、认识论和语用立场（Melo et al.，2019）。继 Morin（1990，2005，2014）的开创性贡献及其对复杂性认知含义的关注后，我们继续对复杂思维概念进行发展，认为它是一种与世界耦合的特定模式，与世界的复杂性一致。本章将介绍我们认为的任何与复杂思维有关的提议都必须注意的关键特征，以及进入其概念化的多个维度，还介绍我们对基于关系视角和一些特征差异性、整合/互联性、递归性和涌现性的复杂思维框架的建议。

关键词：思维复杂性；复杂思维；复杂性思维；复杂系统

1.1 思维模式

人类的历史是人类在不同维度上与世界联系和行为方式转变的历史（Baggini，2018）。不同价值体系形成的不同思维方式，引发和促进了不同的行为方式。世界经历了重大变革，挑战着我们理解和应对其变化的能力。一般来说，社会（尤其是科学）在互相影响的密切关系中（Nowotny et al.，2001）已经开始将特殊价值赋予一组受限制的思维模式，这些思维模式基于与世界相关的主要行为方式，而忽略了其他思维模式。特别是科学，已经将自己锁定在数量减少的思维模式中（Chalmers，1999），尽管其在特定领域取得了巨大成就，但未能支持人类与其环境及其共同建立的社会世界之间积极共同发展的关系继续前进。随着许多系统的崩溃，以及保持积极和可持续生活的挑战增加，这种关系中缺乏一致性的迹象越来越明显（Sterman，2006）。传统思维模式的局限性在我们预测和影响系统的尝试中更为明显，这些系统通过显示一组特定的属性被标记为"复杂"（Érdi，2007；Nicolis et al.，2007）。

为世界上最严苛的挑战寻找解决方案的动力推动了各种模型和模拟仿真的发展，并加速了旨在掌握复杂性的理论、技术和方法的发展（Edmonds et al.，2013；Magnani et al.，2017；Siegfried，2014）。

我们目前看到世界复杂性的非凡表现能力，其已突破了牛顿世界观和还原主义思维模式的限制（Capra，1996），让我们看到了更广阔的思考和行动的可行性世界。世界越来越多地通过镜头来描述，这些镜头揭示了它是变化的、动态的、相互关联的、多层次的、涌现的，并且很大程度上是自组织的（Capra et al.，2014）。系统思维、生态学和复杂性科学的兴起，在我们思考和行动的可行性世界中留下了重要印记（Capra，

1996；Reynolds，2011；Urry，2005），他们强调了牛顿世界观和还原论方法的局限性（Capra，1996），并鼓励发展关注其复杂性的新思维模式（Gershenson et al.，2004；Waddington，1977；Morin，2005）。但是这个进展也没能逃脱它的陷阱，在文献（Morin，2007）的受限复杂性的保护伞下，传统还原论和牛顿范式（Capra，1996）背后的价值观、抱负和思维模式在某种程度上已经被转移到"复杂性科学"的领域，"大法则"描述了许多通过寻找"简化"它的方法来处理复杂性的尝试（同上）。思维模式可能已经更加适应于看到世界的某些"复杂属性"，但它们本身并不一定更复杂或与这种复杂性一致（Morin，2007；Gaves et al.，2018）。对令人印象深刻的模型的普遍搜索，认为"更多的'大'数据可以解决更多的复杂性"的错误观念（Uprichard，2014）限制了旨在真正理解、设计并因此管理复杂性的复杂性科学的发展。虽然近年来的世界隐喻（如系统、网络、蝴蝶效应）与牛顿范式的钟表形象有很大不同（Capra，1996；Capra et al.，2014），但探索和冒险进入这些情景的主要方式不一定具有与其相关的复杂性特征。如果科学继续以"受限模式"展开，那么复杂性的新"常规科学"（Kuhn，1970）就可能陷入不适合或不充分的思维模式，无法开发有效的方法来管理自然和社会系统的复杂性，以实现积极的转变（Edmonds，2018；Caves et al.，2018）。尽管我们做出了努力，但世界的复杂性仍在挑战着我们的理解力，并使变革难以掌控。

1.2 思维复杂性

文献（Gershenson et al.，2004）中已经阐述了思维复杂性的必要性。这在"复杂思维""复杂性思维""复杂系统思维"等概念的传播中可见一斑。然而，这些概念的定义并不总是明确的，它们的使用可能与截然不同的本体论、认识论和实用主义立场有关（Melo et al.，2019）。

Morin 曾呼吁关注一些方法如何"限制"它们，并试图以简化复杂性的方式来接近复杂性（Morin，2007），从而忽视了复杂性概念本身的更广泛的认识论意义，以及对关系和组织的关注。

关于复杂性的定义缺乏共识，存在多种定义和视角（Manson，2001；Mitchel，2009）。我们选择从关系的角度来理解复杂性概念，并将其与以下关键特征进行联系：差异性、整合/互联性、递归性和涌现性。世界在朝着渐进式分化与整合的动态平衡中展开（Heylighen，2008；McShea et al.，2010）。它在多重递归的、自我参照的循环中组织自己（Clarke，2009；Kauffman，1987；Varela，1984），并形成一个动态的关系网络，从中产生新的属性、模式、功能和结构（Goldstein，1999），从而产生新的现实组织层次，进一步促进其分化和整合/互联。

世界的关系组织支持其（适应性的）涌现能力，通过它产生新颖属性（如结构、功能、模式、性质和动态），虽然难以简化为其单个组成部分（Corning，2002；Goldstein，1999），却以一种草率的方式影响和制约着这些组成部分。当我们作为人类的观察者，变得更有能力在世界上进行多重性的区分并整合它们时，我们也被要求进一步发展我们的思维并接受不同类型的逻辑。我们的挑战是修改我们的描述和解释模式，使之与我们现在能够在世界上识别的复杂属性更加一致（Waddington，1977；Morin，2005）。它们应该能够通过与涌现相关的递归过程，以自我（生态）组织的方式（Morin，2005）向日益分化和整合的方向演化，为世界中的行动和自我转变创造新的可能性。我们作为观察者（Varela，1976；von Foerster，2003a）及世界的部分组构，与之共同演化，参与结构耦合和相互决定（Maturana et al.，1992）。

Morin 对思维复杂性做出了开创性的贡献（Morin，1990；2005；

2014)。他提出了复杂思维的概念,认为复杂思维是一种思维方式,与复杂世界(如对话性原则、全息原理、递归性原则)的属性一致;他强调围绕复杂性的观念对于我们组织知识的方式的认识意义,并主张用一种"一般"的方法来处理复杂性,以关注系统的关系组织和我们对它们的认识(Morin, 2007)。因此,理解复杂性需要将我们自己的思维模式嵌入其明显的悖论和循环中,并整合不确定性,而且要脱离二元和还原论框架,因为这些框架不承认(我们如何构造)现实的互补性及其互补对(如客体~主体、部分~整体;定量~定性、变化~稳定、物理~心理①)的辩证和对话关系(Bateson, 1979; Kelso et al., 2006; Morin, 1990),以及产生它们的过程(Varela, 1976)。此外,复杂思维将意味着与世界相关的实践,这些实践不仅提供了对现实的区分和综合的看法,还提供了我们构建与之相关的知识的方式。为了接受复杂性,思维需要认识和跨越不同的模式和层次,尝试多种区分和设定边界的方式,并意识到设定边界与确定价值、创造约束有关,为不同的行动可能性创造舞台,从而带来不同类型的世界(Ulrich et al., 2010)。

长期以来,对观察者在构造实在复杂性中作用的认识(Morin, 2005),是二阶控制论(von Foerster, 2003b)的一个基本范畴。这一问题在二阶科学(Lissack, 2017; Müller, 2016; Umpleby, 2010)的传统研究中依然存在。对复杂性的思考需要在互补对的语境中思考观察者的角色:思考观察者(的复杂性)~思考所观察到的现实/世界(的复杂性)。这可以更好地表现为在复杂因果关系中递归地组织互补全息对:思考观察者的复杂性~思考/贡献了世界的复杂性~包含/创造了认为/创造它的观察者。

---

① 符号"~"沿用 Kelso 和 Engstrom (2006) 的含义,表示互补对,双方仅在彼此关系的背景下被理解。

■ 演绎复杂性：建立复杂思维的实践基础

对于复杂度的思考可以被认为是二阶复杂度（Tsoukas et al., 2001）的一种形式。重要的是，我们的思维方式包含了世界的互补性，我们能够以足够的反思性与之耦合，以便理解我们自己在制造和转化我们希望理解的相同现象中的作用，以及允许我们共同出现和共同进化的过程。要理解观察者在谈论复杂性时的角色，需要将其与复杂性概念，以及复杂思维的本体论、认识论基础联系在一起。在关注支持复杂性的过程时，有必要以三元思维来操作：观察者－复杂性－复杂思维。在科学的某些领域，特别是在社会科学中，已经有了更多实践，这些实践更适合于丰富的现实结构，以及维持其过程和维度的多样性，特别是在其社会维度和知识生产中的作用方面（Denzin et al., 2017）。然而，在后现代的、建设性的、批判性的和定性的传统之外，有时加入对这些维度的考虑和观察者的作用后，并不总是被主流科学完全接受。在挑战传统科学模式的主导思维模式中，存在着多样化的替代性话语：接受和连接其他知识生产模式（Gibbons et al., 1994；Santos, 2018）；生产更具情境化和本土化的知识（Lacey, 2014）；接受风险和不确定性（Funtowicz et al., 1994）；协调对现实的多种视角（Checkland et al., 1990；Reynolds, 2011）；考虑知识生产中的价值、视角和权力问题（Müller, 2016；Umpleby, 2010；Ulrich et al., 2010）。通过对世界提出多种观点，协调备选的认识模式，具有不同的行动含义，可以支持更复杂的理解。尽管如此，当来自不同领域和传统的不同贡献具有不同的本体论、认识论和实用主义假设时，它们在实践中的协调和整合可能会受到制约。因此，复杂世界的多维复杂性不仅需要不同的方法，而且需要能够协调不同贡献和潜在世界观的元框架，重点关注实践。我们可能需要一个实用的[①]焦

[①] "想法（它们本身只是我们经验的一部分）成为现实，就在于它们帮助我们与经验的其他部分建立令人满意的关系"（James, 1955）。

点，通过不同思维方式所能提供的行动可能性及其效果和后果来评估其价值和"真实性"（James，1955）。我们认为有必要以复杂性来迎合复杂性，建立耦合模式，将它们的语用效果和它们通过行动产生的新颖性进行整合，逐步产生更多的分化和整合的结构，并通过递归来进化。①

涌现（Corning，2002），作为复杂性的一个关键特征，与许多系统的能力有关，使其观察者感到惊讶，并改变他们的行为，以适应和进化（McDaniel et al.，2005）。涌现表现为新颖性的出现，要求新的描述或解释模式。这是因为，其不能降低到系统各部分行为的水平，尽管涌现限制了它们。涌现的新颖性与一种新的关系组织相关联，在这种关系组织中，系统的部分和整体同时变得比彼此更多和更少（Morin，1992）。

涌现的概念是复杂性概念的核心，它与创造性思维（Boden，2004）、溯因思维（Fann，1970；Nubiola，2005）和创造性想象力跳跃（Whitehead，1978）相关的过程产生共鸣。溯因思维（Rozenboom，1997）作为一种与归纳和演绎截然不同但相辅相成的思维方式推动了重大科学进步。事实上，这些思维方式在科学发展中的作用，在它们之间合作的递归循环中得到了更好的诠释（Gubrium et al.，2014；Reichertz，2014）。

在许多自然、物理和社会系统中，涌现可以被看作其复杂性的一种表现。这些所谓的"复杂系统"表现出一系列特性（如递归性、协调性、非线性、鲁棒性等），这些特性对于维持它们与环境保持一致的变化和进化的适应能力至关重要（Cilliers，1998；Byrne et al.，2014；Érdi，2007；Kelso，1995；Manson，2001）。

对这些性质进行研究，有助于我们更好地理解世界的创造性和变革性

---

① 我们可以驾驭的理念（James，1955）。

力量，理解世界复杂性的核心，以及更好地理解创造性和归纳思维的核心（Boden，2004；Nubiola，2005）。同时，这种理解很可能是由与他们自己的组织原则相一致的思维方式所促成的。

1.3 复杂的思考方式

我们提出，可能有一种方式组织我们的思维模式，这种方式可以产生连贯性，促进目标系统（Checkland，1999；Caves et al.，2018）、我们自己及我们与它的关系的相关信息出现，以促进和扩大我们在与它相关的方面采取积极行动的可能性，并更好地管理与这种关系相关的变化过程。我们预计，更复杂的思维模式更有可能导致关于给定目标系统的新颖和语用[①]的有意义的信息的出现，这些信息启发了支持观察者、感兴趣的系统及其环境之间积极的共同进化关系和生态系统适应性的行动。这些思维模式的复杂性可能基于与那些归因于更复杂系统的属性相似的属性。我们将复杂思维概念化为一种与世界耦合的模式，这种模式通过设定在复杂世界中已经确定的关键过程来执行复杂性，同时也关注其复杂性（正如我们作为人类观察者目前能够描述的那样）。

对世界复杂性和思维复杂性的复合探索，可能会增加我们对两者的理解和行动能力。

理解耦合过程的性质，以及在这种条件下观察者与感兴趣的系统的耦合，这似乎是必要的，可以为此类系统的变更管理产生有意义的和语用相关的新信息（Rogers et al.，2013；Caves et al.，2018）。

一个给定的观察者需要足够复杂（从而实践高度分化、整合和外展

[①] 我们广泛采用与美国实用主义（James，1955）所建立的传统相一致的实用主义的知识观和实践思维。

涌现类型的思维），从而掌握世界复杂性的某种表达。根据罗斯·阿什比（Ross Ashby）的必要多样性定律（1957；1958），可以这样说，相对于目标系统/世界的复杂性，观察者/干预者越复杂，干预者就越有可能通过他们对目标系统及其环境耦合关系的贡献（Caves et al.，2018），促进或管理与积极结果和积极协同进化相关的变化，正如从大量批判性观察者的立场所确定的那样。

观察者的复杂性将带来一个世界，它将允许特定类型的实践，当进入更广泛的行动生态时，这种实践将以不可预测的方式与它们相互作用（Morin，1992）。通过用复杂性来近似复杂性，行动可能更有能力适应和发展这种更广泛的生态，思维可能产生一种连贯性。这可能被认为是一种将复杂系统连接在一起的"胶水"，正如我们的解释一样——从我们与它们的关系的复杂性中产生简单性（Lissack et al.，2014）。

复杂性的研究与复杂思维的学习和实践是相互支持和促进的。复杂性科学家和哲学家已经开启了一个关于复杂性的哲学含义的对话空间（Gershenson et al.，2004；Heylighen et al.，2006；Morin，2001）。这一空间需要进一步扩大和探索，促使复杂思维的概念朝着实用主义的方式进行细化。这一运动可以作为复杂思维的操作概念化的基础，为干预措施、战略和资源的发展提供实践指导，以促进和评估它。

在这种情况下，复杂思维属性的操作定义需要解释在这种情况下"更复杂"可能意味着什么。至于其他类型的"复杂性"，似乎与促进关于本体论和认识论假设的进一步讨论有关（Richardson，2005；Lissack，2014；McIntyre，1998），特别是要考虑到其对行动的影响。这种关于复杂思维必要性的讨论，又回到了复杂性本身的概念，以及关于"复杂性"是指什么的争论：它是世界、观察者的"真实"属性，还是两者兼而有之，或是别的什么？（Casti et al.，1986；Midgley，2008）。这些都需要解决一系列基本问题,以进一步阐明复杂思维的概念及其实用意义。特别重要的是,要解决具有本体论性质的问题,如"思考的复杂性的本质是什么,在哪里可以找到它?",以及认识论上的质疑,如"我们如何识别/了解/衡量思维的复杂性?"

似乎有必要用以下方式进一步深化复杂思维概念的理论基础:

(1) 支持一组定义,这些定义既区分复杂思维,又将其与文献中使用的类似概念联系起来,包括复杂性本身的概念。

(2) 建立本体论和认识论的立场,赋予复杂思维概念的启发式价值,并为复杂系统中的变化提供新的行动可能性。

(3) 以可能为实践提供支持、评估和进一步调查的方式,为概念的语用相关操作提供信息。

我们希望将复杂思维概念化为与世界耦合的一种模式和结果,从而有助于实现这些目标。这种模式和结果既关注复杂性,又制定复杂性。这种复杂思维的概念基于一种关系和建构主义的世界观,能够弥合和协调(区分和关联)不同的实用主义贡献,用于对源于不同的本体论和认识论传统的复杂思维的操作和实践。

1.4 参考文献

W. R. Ashby, *An Introduction to Cybernetics* (Chapman & Hall Ltd, London, 1957)

W. R. Ashby, Requisite variety and its implications for the control of complex systems. Cybernetica **1**, 83–99 (1958)

J. Baggini, *How the World Thinks. A Global History of Philosophy* (Granta, London, 2018)

G. Bateson, *Mind and Nature: A Necessary Unity* (Bantam Books, New York, 1979)

M. A. Boden, *The Creative Mind: Myths and Mechanisms* (Routledge, London, 2004)

D. Byrne, G. Callaghan, *Complexity Theory and the Social Sciences: The State of the Art* (Routledge, London, 2014)

F. Capra, *The Web of Life: A New Scientific Understanding of Living Systems* (Anchor, 1996)

F. Capra, P. L. Luisi, *The Systems View of Life: A Unifying Vision* (Cambridge University Press, 2014)

J. L. Casti, A. Karlqvist, Introduction, in *Complexity, Language and Life: Mathematical Approaches*(xi – xiii), ed. by J. L Casti, A. Karlqvist (Springer – Verlag, Berlin, 1986)

L. Caves, A. T Melo, (Gardening) Gardening: A relational framework for complex thinking about complex systems, in *Narrating Complexity*, ed. by R. Walsh, S. Stepney (Springer, London, 2018), pp. 149 – 196. https://doi.org/10.1007/978 – 3 – 319 – 64714 – 2_13

P. Cilliers, *Complexity and Postmodernism. Understanding Complex Systems* (Routledge, London, 1998)

A. F. Chalmers, *What is this Thing Called Science?*, 3rd edn. (Hackett Publishing Company Inc., Queensland, 1999)

P. Checkland, *Systems Thinking, Systems Practice* (John Wiley, Chichester, 1999)

P. Checkland, J. Scholes, *Soft Systems Methodology in Action. Includes a 30 – year Retrospective*(John Wiley & Sons, Chichster, 1990)

B. Clarke, Heinz von Foerster's Demons. The emergence of second – order systems theory. in *Emergence and Embodiment*, ed. by B. Clarke, M. Hansen (Duke University Press, Durham, NC, 2009), pp. 34 – 61

P. A. Corning, The re – emergence of "emergence": a venerable concept in search of a theory. Complexity **7**(6), 18 – 30 (2002)

N. K. Denzin, Y. S. Lincoln, *The SAGE Handbook of Qualitative Research* (SAGE Publications, 2017)

B. Edmonds, System farming, in *Social Systems Engineering: The Design of Complexity*, ed. by C. García – Díaz, C. Olaya (John Wiley & Sons, Chichester, 2018), pp. 45 – 64

B. Edmonds, R. Meyer, *Simulating Social Complexity* (Springer – Verlag, Berlin, 2013). https://doi.org/10.1007/978 – 3 – 540 – 93813 – 2

P. Érdi, *Complexity Explained* (Springer Science & Business Media, 2007)

K. T. Fann, *Peirce's Theory of Abduction* (Martinus Nijhoof, The Hague, 1970)

S. O. Funtowicz, J. R. Ravetz, Uncertainty, complexity and post – normal science. Environmen. Toxicol. Chem. SETAC **13**(12), 1881 – 1885 (1994)

C. Gershenson, F. Heylighen, How can we think the complex? *arXiv* [nlin. AO] (2004). Retrieved from http://arxiv.org/abs/nlin/0402023

M. Gibbons, C. Limoges, H. Nowotny, S. Schwartzman, P. Scott, M. Trow, *The New Production of Knowledge: The Dynamics of Science and Research in Contemporary Societies* (Sage, London, 1994)

J. Goldstein, Emergence as a construct: history and issues. Emergence **1**(1), 49 – 72 (1999)

J. F. Gubrium, J. A. Holstein, Analytic inspiration in ethnographic fieldwork, in *The SAGE Handbook of Qualitative Data Analysis*, ed. by U. Flick (Sage,

London, 2014), pp. 35 – 48

F. Heylighen, *Complexity and Evolution. Fundamental Concepts of a New Scientific Worldview*. Lectures notes 2017 – 2018 (2018). Retrieved from http://pespmc1.vub.ac.be/books/Complexity – Evolution.pdf

F. Heylighen, P. Cilliers, C. Gershenson, *Complexity and Philosophy. Complexity, Science, and Society* (2006). http://cogprints.org/4847/

W. James, *Pragmatism and Four Essays from the Meaning of Truth* (New American Library, New York, 1955). [Pragmatism originally published in 1907; The Meaning of Truth originally published in 1909]

L. Kauffman, Self – reference and recursive forms. J. Soc. Biol. Struct. **10**, 53 – 72 (1987)

S. J. A. Kelso, *Dynamic Patterns: The Self – Organization of Brain and Behavior* (MIT Press, Cambridge, MA, 1995)

S. J. A. Kelso, D. A. Engstrom, *The Complementary Nature* (MIT Press, Cambridge, MA, 2006)

T. S. Kuhn, *The Structure of Scientific Revolutions* (2nd Edition, Enlarged) (The University of Chicago Press, Chicago, 1970)

H. Lacey, Scientific research, technological innovation and the agenda of social justice, democratic participation and sustainability. Sci. Stud. **12** (SPE), 37 – 55 (2014)

M. Lissack, The context of our query. in *Modes of Explanation. Affordances for Action and Prediction*, ed. by M. Lissack, A. Graber (Palgrave Macmillan, New York, 2014), pp. 25 – 55

M. Lissack, Second order science: examining hidden presuppositions in the practice of science. Found. Sci. **22**(3), 557 – 573 (2017)

M. Lissack, A. Graber, Preface, in *Modes of explanation. Affordances for Action and Prediction*, ed. by M. Lissack, A. Graber. (Palgrave Macmillan, New York, 2014), pp. xviii – xvi

R. R. McDaniel, D. Driebe, *Uncertainty and Surprise in Complex Systems: Questions on Working with the Unexpected* (Springer, Berlin, 2005)

L. McIntyre, Complexity: a philosopher's reflections. Complexity **3**(6), 26 – 32 (1998)

D. W. McShea, R. N. Brandon, *Biology's First Law: The Tendency for Diversity and Complexity to Increase in Evolutionary Systems* (University of Chicago Press, 2010)

L. Magnani, T. Bertolotti, *Springer Handbook of Model – Based Science* (Springer, Switzerland, 2017). https://doi.org/10.1007/978 – 3 – 319 – 30526 – 4

S. M. Manson, Simplifying complexity: a review of complexity theory. Geoforum J. Phys. Hum. Reg. Geosci. **32**(3), 405 – 414 (2001)

H. Maturana, F. Varela, *The Tree of Knowledge. The Biological Roots of Human Understanding* (Shambhala, Boston, MA, 1992)

A. T. Melo, L. S, D. Caves, A. Dewitt, E. Clutton, R. Macpherson, P. Garnett, Thinking (in) complexity: (In) definitions and (mis) conceptions. Syst. Res. Behav. Sci. **37** (1), 154 – 169, (2019). https://doi.org/10.1002/sres.2612

G. Midgley, Systems thinking, complexity and the philosophy of science. Emerg. Complex. Organ. **10**(4), 55 – 73 (2008)

M. Mitchell, *Complexity: A Guided Tour* (Oxford University Press, 2009)

E. Morin, *Science Avec Conscience* (*Nouvelle edition*) (Fayard, Paris, 1990)

E. Morin, From the concept of system to the paradigm of complexity. J. Soc.

Evolut. Syst. **15**(4),371–385(1992)

E. Morin, in *The Epistemology of Complexity*. ed. by F. D. Schnitman, J. Schnitman. New Paradigms, Culture and Subjectivity (Hampton Press Inc, New York, 2001), pp. 325–340

E. Morin, *Introduction à la Pensée Complexe* (Éditions du Seuil, Paris, 2005). [originally published in 1990]

E. Morin, in *Restricted Complexity, General Complexity*. ed. by E. Gersherson, D. Aerts, B. Edmonds. Worldviews, Science and US. Philosophy and Complexity(World Scientific, London, 2007), pp. 5–29

E. Morin, Complex thinking for a complex world-about reductionism, disjunction and systemism. Systema Connect. Matter Life Cult. Technol. **2**(1), 14–22 (2014)

K. H. Müller, *Second-order Science: The Revolution of Scientific Structures*. (Echoraum Wien, 2016)

G. Nicolis, C. Rouvas-Nicolis, Complex systems. Scholarpedia **2**(11):1473 (2007). DOI:10.4249/scholarpedia.1473

H. Nowotny, P. Scott, M. Gibbons, *Re-thinking Science. Knowledge and the Public in the Age of Uncertainty* (Blackwell publishers, Cambridge, 2001)

J. Nubiola, Abduction or the logic of surprise. Semiotica **153**(1/4), 117–130 (2005)

J. Reichertz, Induction, deduction, abduction, in *The Sage Handbook of Qualitative Data Analysis*, ed. by U. Flick (Sage, London, 2014), pp. 121–135

M. Reynolds, Critical thinking and systems thinking: towards a critical literacy for systems thinking in practice, in *Critical Thinking*, ed. by C. P. Horvath,

J. M. Forte (Nova Science Publishers, New York, 2011), pp. 37 – 68

K. Richardson, The hegemony of the physical sciences: an exploration in complexity thinking. Futures **37**(7), 615 – 653 (2005)

K. H. Rogers, R. Luton, H. Biggs, R. Biggs, S. Blignaut, A. G. Choles, C. G. Palmer, P. Tangwe, Fostering complexity thinking in action research for change in social – ecological systems. Ecol. Soc. **18**(2), 31 (2013). https://doi.org/10.5751/ES – 05330 – 180231

W. W. Rozenboom, in *Good Science is Abductive not Hypothetical – Deductive*, ed. by L. L. Harlow, S. A. Mulaik, J. H. Steiger. What if there were no Significance Tests?. (Erlbaum, New Jersey, 1997), pp. 366 – 391

B. S. Santos, *The End of the Cognitive Empire: The Coming of Age of Epistemologies of the South* (Duke University Press, 2018)

R. Siegfried, *Modeling and Simulation of Complex Systems: A Framework for Efficient Agent – Based Modeling and Simulation* (Springer, 2014)

J. D. Sterman, Learning from evidence in a complex world. Am. J. Public Health **96**(3), 505 – 514 (2006)

H. Tsoukas, M. J. Hatch, Complex thinking, complex practice: the case for a narrative approach to organizational complexity. Hum. Relat. Stud. Towards Integr. Soc. Sci. **54**(8), 979 – 1013 (2001)

W. Ulrich, M. Reynolds, Critical systems heuristics, in *Systems Approaches to Managing Change: A Practical Guide*, ed. by M. Reynolds, S. Holwell (Springer, London, 2010), pp. 243 – 292

S. Umpleby, From complexity to reflexivity: underlying logics used in science. J. Wash. Acad. Sci. **96**(1), 15 – 26 (2010)

E. Uprichard, Big doubts about big data, the chronicle of higher education

(2014), October 2013

J. Urry, The complexity turn. Theory, Culture & Society **22**(5), 1 – 14 (2005)

F. Varela, *Not one, not two* (The Coevolution Quarterly, Fall, 1976), pp. 62 – 67

F. Varela, The creative circle: sketches on the natural history of circularity, in *The Invented Reality*, ed. by P. Watzlawick (Norton Publishing, New York, 1984)

Von Foerster (2003a). Notes on an epistemology for living things [Address originally given in 1972]. In Von Foerster, H. (2003). *Understanding Understanding: Essays on Cybernetics and Cognition* (Springer – Verlag, New York, 2013), pp. 247 – 259

Von Foerster (2003b). On constructing a reality [Address originally published in 1973]. In Von Foerster, H. (2003). *Understanding Understanding: Essays on Cybernetics and Cognition* (Springer – Verlag, New York, 2003), pp. 211 – 227

C. H. Waddington, *Tools for Thought* (Paladin, St. Albans, 1977)

A. N. Whitehead, *Process and Reality* (*Corrected edn*) (The Free Press, New York, 1978)

复杂性和复杂思维的关系框架

摘要：本章将简要介绍关系世界观的本体论和认识论假设，这些假设为复杂性和复杂思维的关系概念化，以及连接、整合不同观点提供了基础。本章将讨论观察者在复杂性构建中的作用及其对如何定义、思考复杂性的影响，重点介绍观察者与世界在产生知识和引领观察者行为方面的耦合关系。从复杂性的关系视角出发，本章将继续讨论复杂性和知识构建中的多重约束作用的相对关系，其中包含关于观察者自身的结构性决定；继而讨论关系性世界观对复杂性的判断，即对思维的复杂性。

关键词：关系性世界观；观察者；复杂性；复杂性思维

■ 2.1 复杂性是什么，在哪里？

尽管围绕复杂性的争辩引发了重要的哲学问题和语用问题（Heylighen et al., 2006），但一直没有一个从本体论和认识论立场出发的关于复杂性概念和复杂性思维含义的清晰概念。Rosen 将复杂系统定义为单个模型无法满足要求的、需要采用多重描述方式和多种视角的系统（Rosen，1977，2000），因此我们确信形成复杂性的概念需要结合大量关于本体论和认识论的观点。

在理解现实方面，对于现实的分类有一个普遍的分立：一方面是广泛的现实主义者，另一方面是建构主义者（Richardson，2005；Lissack，2014）。对于前者，复杂性可以被视为构成宇宙的系统实体的固有"真实"属性，正如复杂现实主义所提出的那样（Williams et al.，2017；Byrne et al.，2014）。许多复杂性理论家假设复杂系统是构成我们所认识的世界的"真实实体"（Byrne et al.，2014）。至于后者，复杂性是基于观测者的角度而言的，属于他们自身结构的真实性部分（Lissack，2014）。然后，系统被视作思考和组织关于世界的信息的一种方式（Reynolds，2011）。而其他研究者，例如 Morin 认为，没有人能将观测者从世界中抽离出来，且系统是来自辨别、构建这个世界的思维的实体体现（Morin，1992）。

这些立场也与从何处"找到"复杂性的问题有关。有些人将复杂性定位为一个认识论问题，认为世界本身并不复杂，它"只是按照给定的探讨层面所描述、定义的"（McIntyre，1998）。其他研究者开始将复杂性定义为观察者与世界之间的关系级别，并在提供与观察者交互的多种模式（Rosen，1977）的系统中，将与建模和预测相关的困难（Edmonds，2000）表达出来。此外，复杂性可以表示为一种关系属性："尽管复杂性显然与系统自有属性相关联，但将复杂性视为关系属性，这可能比系统自有属性更有意义，"（Casti，1986）。当被视为一种关系属性时，复杂性是"系统的潜在或隐含属性"，是一种"通过'给定'系统与另一个系统的相互作用而表现出来的属性"（Casti，1986）。

我们确信可以协调和表达不同的观点。Richardson（2005）试图在现实主义的基础上建立一个多元化的框架。Heylighen（2018）提出了基于关系本体论的复杂性指标。我们尝试建立一个结合关系建构主义世界观的综合立场，并且我们认为，这种立场可能做到在本体论和认识论层面上桥接现实主义方法论和建构主义论点方法。从这个角度来看，我们或许可以接受"外面"存在一个"真实世界"，并且它（在某种程度上）独立于（至少某些）观察者。另外，从这个角度来看，也有必要假设：即使不依赖于特定的观察者，也没有任何一件事物可以独立于其他事物而被认知（Whitehead，1978）。我们将世界视为一个巨大的关系矩阵，其中的每个实体是同步通过与其他实体的关系所构成与维持的，它在与其他实体的关系的联系中做出贡献，而这些关系也递归地将它们变成不同的实体。许多涉及复杂性的因果思维需要认识到递归的关键作用，以及它如何挑战传统逻辑。同样，有必要接受递归性作为世界的组织结构和我们对世界认知的基本维度。

在无限大小的关系网络中，一部分关系和实体对其他关系和实体的影响在很大程度上取决于它们的相对位置。在这样的网络中，观察者作为特殊实体的作用特别重要，因为他们通过提取模式和标记区别、标点及指示来创造现实的特性，而这些动作又塑造了为自己和他人带来特定现实关系的过程，这提供了做出行为的特殊可能性（Goguen et al.，1979）。观察者已经研究出了关系矩阵和组织宇宙的过程（Whitehead，1978）。观察者的行为不仅是对这个宇宙"真实"本质的体现，因为这个宇宙提供了许多可能性（包括其涌现性）；观察者也不能完全独立于这个世界，因为观察者属于庞大的过程网络，并从中提取出构成它们所处世界的"事物"作为固定模式。即使我们假设（大部分）世界可以被认为独立于（一组特定的）观察者而存在，我们也必须认为观察者不能独立于以特定方式构成的关系网络，反而还要依赖于其他实体。反之，观察者以自己在这个网络中的行为，负责塑造、安排或至少改变一些关系，世界通过这些关系以一种给定的形式向观察者呈现，并通过与其他观察者的协调，为维持它们的边界提供一定的稳定性（Richardson，2005）。我们将根据对复杂性的相关理解及我们对复杂性思维的建议，进一步探索这些想法。

2.2 复杂的关系性世界观：从差异性和整合性，到递归性和涌现性

我们关于复杂性和复杂思维的概念是基于关系的、建设性的和过程性的世界观，在这种世界观中，在关系之外没有任何事物可以存在或为人所知（Bateson，1979；Whitehead，1978），并且"事物"本身需要被解释为动态关系过程的复杂流中的标号。

尽管我们无意回顾关系性世界观和过程性世界观的不同提议，但有必要指出，这是许多学者的工作基础，即对生命、自然和人类发展过程的理解。过程-关系哲学（Mesle，2008）建立了可以在许多其他领域的不同建议中找到的假设，但这些领域中关系性世界观的发展也增加了关于这一主题的哲学辩论。Rosen 在 Rashevksy 的工作之上，建立了关系性生物学的基础，为实现关系性世界观做出了重要贡献（Rosen，1991，2000）。同样，发展性系统的理论家（Oyama et al.，2001；Lerner，2002）和许多机体主义、语境主义世界观支持者，可以被视为关系性方法中许多"面孔"中的一份子（Stetsenko，2017）。Stetsenko（2017）呼吁多加关注杜威（Dewey）实用主义提出的共同关系基础及其对理解知识和教育，以及 Piaget 和 Vygotsky 等发展性主义者工作的影响，强调行为的作用及其内在的关系性质。

关系性世界观在关于复杂性的辩论中也有所表述（Heylighen，

2018）。我们有兴趣探索一种关系性世界观，是因为它为复杂性的概念化奠定了基础，而这反过来又支持了我们对复杂性思维的提议。我们相信它对于如何管理我们与变化的关系具有重大意义，并且它可以连接不同复杂性观点之间的对话。从这个立场来看，世界上的一切都被认为与其他事物处于相互定义的关系之中，并且所有关系的核心都具有某种（相对）程度的差异（"产生差异"）（Bateson，1979）。从这个角度来看，关系被认为是解决复杂性问题的基本单位，而这些关系的组织（例如关系如何相互关联）是复杂性的核心（Morin，1992）。正是在关系的背景下，所有事物都通过相互间的共同产生和共同决定的过程而存在并维持（Macy，1991）。甚至可以假设宇宙的起源与（至少）一个原始关系（或一组关系）的出现有关，由产生进一步分化的差异构成。在这个关系网络中，递归合作和协调的过程导致了存在新（涌现）属性关联的高阶关系实体（集成）的形成。

我们可以假设我们谈论宇宙的复杂性，因为它已经分化、整合、产生了新的实体，并可以作为比彼此更多（或更少）的部分与整体（Morin，1992）。然后，需要从关系的角度来理解宇宙。有多种尝试定义复杂性和复杂性分类（"类型"），以及关于如何衡量复杂性的争论（Ladyman et al.，2013；Manson，2001）。我们认为，复杂性的核心定义可以与差异性、整合性（McShea et al.，2010；Tononi et al.，1994；Lerner，2002）、递归性（Kauffman，1987；von Foerster，2003a）和涌现性（Corning，2002）的概念联系起来。

宇宙中的不同元素被组织在关系性结构之中，这些关系结构通过协调过程逐渐差异化和整合，导致出现新的属性，这些属性可以被区分为一个新的层次或一种新的"事物"，进一步分化成横向和纵向运动。然后，差异化和整合可视为与组织关系的多种方式相关的基本属性，这是将复杂性进行概念化的一种可能的方式（Casti et al.，1986；McShea et al.，2010）。

宇宙的创造力通过非线性耦合和递归循环（递归性）产生各种关系和实体（差异性），协调构成新的整体（整合性），从而形成新的组织层次，出现新的和不可还原的特性（涌现性）。因此，宇宙的复杂性是一种流动的、动态的、无序的组织，通过一种类似编织的过程展现出来。这种编织对象通过构成其差异/信息/关系的创造性安排、配置所产生的图案进行构建、层级化和装饰，并构成了其基本线程。

■ 2.3 复杂性的（共同）进化

宇宙的关系性世界观为其本体论和认识论提供互补论据（Kelso et al.，2006）。存在的一切事物，由关系性过程所维持，只能通过互补过程为人所知，当人类观察者区分这些过程时，它们通常表现出二元性。这些二元性作为控制论的补充而运作，其中的一方定义另一方，这是内在过程和差异性的一种表述，并在其他层面上运行着，它们本身由另外的补充材料所维持（Keeney，1983；Varela，1976）。在这个纠缠、递归的现实之中，已知的"事物"可以是真实的，但在"存在"与"不是"之间相互定义的关系之外是不可知的（暗－明；黑夜－白天；男人－女人；人类－非人类）。互补对的选择定义了过程的特性。

被感知的真实事物对应于动态过程中的瞬态，这些瞬态通常在区分行为中被捕获和具体化（否则从被感知的噪声背景中提取它们）作为特定的模式。这些区分行为是由观察者进行的，它们本身就是世界复杂性的一种表现。

宇宙也通过递归地执行那些使得观察者出现基本区分的行为来实现其

复杂性。识别这些属性的能力本身与观察者相关的分化性、整合性、递归性和涌现性的过程有关。

在许多方面，观察者是宇宙及其起源的复杂性的一部分。他们塑造了宇宙的形状，通过其区分和指示行为（Goguen et al.，1979），在这个过程中改变了他们自己的世界和他们自己，并由此导致了他们所在宇宙的进一步变化（存在于关系中并得到支持）。

遵循 Maturana 和 von Foerster 的推论，我们可以说：所有已知的事物，都必须由观察者对另一名观察者进行理解（von Foerster，2003b；Maturana，1978），并且这是在配置两者的关系网络的背景下进行。宇宙到自身的第一个递归循环必定是进行第一次区分的基本条件，并且随之而来的是观察者成为能够在该宇宙中体现特定观点的实体（Goguen et al.，1979）。这种观点与一组嵌入关系相关，这些嵌入关系为其维持可感知性创造了条件。事实上，关系维持着不同的事物，但"事物"在观察者眼中仅以特定身份存在，即能够稳定区分行为并与其他事物协调这些界限，以实现将关系过程转变为"实体"。这些边界在观察者群体中分布和维持着，具有不同程度的稳定性（Richardson，2005）。在动态平衡中，宇宙的事物由关系网络和耦合过程维持，上述这些过程为进入这个巨型网络的不同观察者群体创造了特定的可能性（Gibson，1986），并为其形成做出了贡献。

Varela（1976）描述了观察者作为一个实体至少应具备的三个概念性特征：

（1）指示能力（区分边界、定义已识别系统的边界稳定性标准、定义系统及其操作模式和属性值）；

（2）时间容量（首先选择时间片段的序列，分割相关事件的网络；然后，通过过程进行计算，定义时间尺度，并通过时间标号来近似整体

的稳定性);

(3) 达成一致性的能力(将观点外化、与他人协调和同步、连接和复现他人的区别和选定的时间模式)。

还有一些研究者承认观察者在系统构成中的作用,即通过界定系统的区分行为和塑造这种区分后果的价值归属,以及对在系统中和系统周围建立的关系的影响,使系统成为感兴趣系统(Checkland et al., 1990; Reynolds, 2007; Ulrich, 2010)。Varela(1976)列出的属性与观察者的主要特征有关,即作为一个独特的实体参与或耦合的能力,能够将自己感知为一个实体,能够识别他人(通过区分行为),以及与他人建立某种程度的相互依赖(协调)。这种能力可以描述为表征观察者对耦合的贡献特性,以及它在更广泛的环境中如何发生变化。它也可以被看作是一个过程,还可以被看作是一个在递归循环中反馈自身的结果。正是在这种递归性中,耦合产生了导致实体自组织的信息,以及它们边界的定义,并形成了与其他实体的关系。

观察者在世界中行动并相互耦合时,更多的差异和信息就此产生,这些差异和信息增加了世界的多样性,并融入世界的关系矩阵。信息在不断递归的耦合中诞生,差异则以关系的形式表示,在观察者产生扰动和引发变化时产生。在分化和融合的运动中,不时出现新奇的事物;在与自身递归的关系中,世界、观察者及其可用的耦合模式被扰乱、改变和共同进化。图2.1说明了宇宙和观察者复杂性共同演化的抽象表示。

在图2.1中的左边,我们可以看到世界的演变。从它的分化、整合,以及新的维度和实体的出现来看,这些维度和实体只存在于彼此之间的关系中。图2.1中的右边图形代表了作为世界的部分的观察者和观察者群体,他们在差异化的行为中发展出越来越强的区分能力和认识世界复杂性的能力。观察者耦合和参与的能力使得这些差异在分化和融合中不

■ 演绎复杂性：建立复杂思维的实践基础

断增加，在塑造世界的同时导致了实体之间关系的转变。

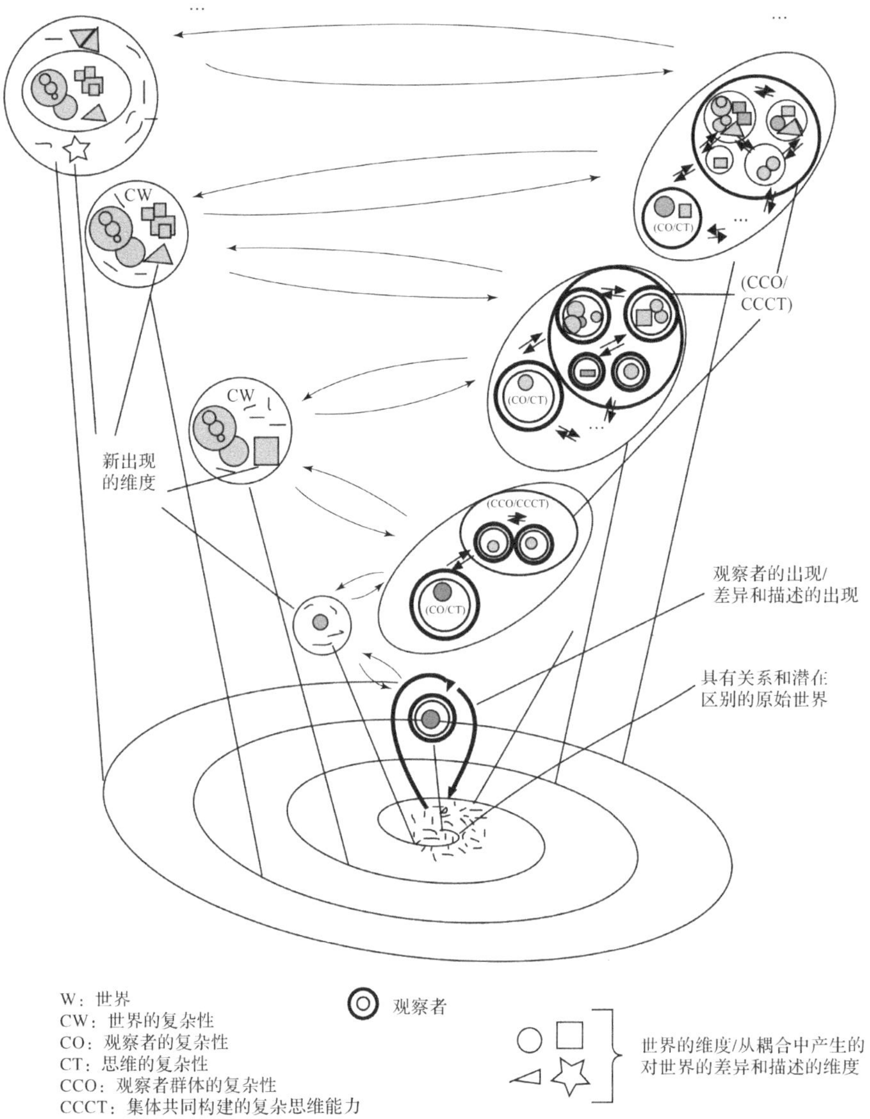

W：世界
CW：世界的复杂性
CO：观察者的复杂性
CT：思维的复杂性
CCO：观察者群体的复杂性
CCCT：集体共同构建的复杂思维能力

◎ 观察者

○□
△☆ } 世界的维度/从耦合中产生的对世界的差异和描述的维度

图 2.1　宇宙和观察者复杂性共同演化的抽象表示

这些相互作用可能导致世界上出现新的维度，然后作为新的差异和关系的支持成为新维度的一部分。因此，世界的复杂性和观察者的复杂性在递归的运动中共同进化，两者同时既是生成过程又是彼此的产物。

26

2.4 耦合认知

Stetsenko（2017）曾提醒人们注意 Vygotsky、Dewey 和 Piaget 等作家的作品中所隐含的关系世界观的建议，以及他们对行动的共同关注。他提醒人们注意他们如何引入一种超越"旁观者"角色的感知观察者的新方式。他总结了这些建议，在这些建议中，人们认识到，他们接触现实的唯一途径是积极参与现实，而不是简单地"存在于"世界中（Stetsenko，2017）。

观察者蕴含的参与或耦合能力产生了变化的可能。当感兴趣系统和观察者同时对耦合中产生的差异/信息做出包括紧急协同效应（Haken，1973）的反应（Maturana et al.，1992）时，它们经历了转换。

Maturana 和 Varela 认为，活的自组织系统不能从外部控制或命令，只能通过与另一个实体耦合而受到影响（Maturana et al.，1992）。在耦合过程中，由于它们稳定-不稳定的相互作用模式，以及（通过它们的区别）构成它们的环境的嵌入关系网络的性质和组织，所有相互作用的实体都会或多或少地发生变化。有些关系因其在关系网络中的位置不同，将具有更直接或更间接的影响；有些关系将具有更积极的贡献（决定另一个实体是什么）或更消极的贡献（决定另一个实体不是什么，通过塑造环境来实现但不直接影响其构成）（Whitehead，1978）。[①] 这些关系对观察

[①] 感兴趣系统的概念源于系统思维的传统，即"软系统"，并传达了系统以一组目的性活动的形式存在的概念，由具有特定利益的观察者识别（Checkland et al.，1990；Reynolds，2007）。观察者会吸引特定的差异并提取信息，从而以特定的方式构建系统，特定的利益和目的则引导这些区分。我们采用这种表达方式是为了强调一个事实：一个系统可以被认为由一组特定的关系来维持的特定的本体论存在，但必然与它作为认识论手段和关系对象的存在有关。从这个意义上说，通过以不同的方式参与维持一个系统（具有多种可能性）的（本体论）存在的关系，不同的观察者将执行不同的差异行为，从而产生不同类型的系统。这些差异的本质与观察者自身的关系组织、偏好、习惯、意图和目的有关。

者及其感兴趣系统的稳定或变革的贡献各不相同。也就是说，感兴趣观察者①在网络中的位置以及关系矩阵的稳定性决定了它们如何识别感兴趣系统及如何（重新）定义、识别和维持其边界的重要性。在上述关系矩阵中，其他实体的参与为耦合观察者-感兴趣系统的创建提供了功能上的支持，使得该系统允许特定类型的差异。

不同的耦合模式将创造不同类型的信息，支持不同的认知模式和不同的结果，导致不同类型的转换（和定义）的观察者、系统及其耦合（Caves et al.，2018）。因此，在进行区分和判断价值的同时，观察者建立了一系列的可能性，在此基础上他们将与其他感兴趣系统进行交互，这将决定所创建信息的类型和耦合的结果。通过进一步探索他们参与的能力和试验他们对耦合的贡献的不同性质（即他们进行区分和指示所依据的透镜和视角），观察者将扩大或限制他们行动和改变的可能性。长期以来，系统思维一直在探索观察者的这一属性，即他们以多视角关注感兴趣系统建设而创造变化的可能性，以及他们的协同所带来的其他可能性的方式（Reynolds et al.，2010）。

耦合的效果取决于相互作用的实体的结构如何决定信息，这些信息在耦合中作为差异和更多差异产生的支撑，这对它们来说是可用的。耦合中的一致性程度，以及对其进行标点并赋予其意义的能力，很可能会影响其结果。在耦合过程中可以建立不同类型的递归关系，从而产生信息，这些信息将影响不同实体通过各自的内部转换进行调整和相互响应的方式。这种耦合将促进变化的产生，产生足够的差异，使这些实体/观察者有所不同，并通过其与目标系统相关的思维的更大差异和结合来提升他们的复杂性。耦合和所产生信息的性质将随后改变观察者、感兴趣系统

---

① 这与感兴趣系统的概念类似。它属于（由自己和（或）他人）在特定的一组关系的背景下，从特定的角度为特定的目的而确定的观察者。

和他们未来的耦合。

耦合过程可能产生非常高的一致性,其变化可能微乎其微,甚至看起来非常协调和同步,以至于通过相互作用实体之间关系出现的协同特性可以更好地理解它们之间的行为(Kelso,2009)。观察者和系统可能会体验到一种熟悉感,一种"了解"对方的感觉,在协调的"舞蹈"中以"流畅"的动作调整他们的反应,其中一方的动作很容易跟随另一方的动作,以保持整体的连贯性。他们可能紧密地联系在一起,一致地变化,以至于他们发展出一种能够预测对方的反应(或者至少能够适应对方反应的能力),从而保持他们所构成的整体的连贯性。相干性可能是随着扰动的出现而建立起来的,其作为一个信号耦合过程中的差异所产生的差异,产生支持学习的信息。在这种情况下,他们自己和其他批判的观察者认识到,可能存在一种有利于共同进化的条件,以支持相关实体的积极变化结果。为了增加相干性,可能需要增加一定程度的扰动来产生最小的差异(信息),以支持持续的协同调整和耦合的强度和质量。

当耦合中缺乏一致性时,可能会产生过多的差异(信息),以致可能无法将其集成到耦合关系中。在某些情况下,被创建的信息有可能不支持学习和共同进化,而是在一个或两个实体的组织中和(或)在它们的耦合关系中产生破坏性作用,这种作用将阻碍以积极方式整合它们的更高层次组织的出现(Maturana et al.,1992)。耦合引入的扰动也可能变得不可控,尤其是当观察者比感兴趣系统更简单或耦合太弱时(Caves et al.,2018;Casti,1986)。

可用于产生信息的耦合模式的数量、性质及其强度与要实现的结果类型相关。观察者可能需要尝试匹配目标系统的当前复杂性水平(分化、整合和涌现——参见前文),以避免因缺乏有意义的信息而陷入预测和预测变得更加困难的状态。如果目标系统的变化速度比观察者所能适应的速度要快，那么变化过程也可能不可控。因此，有意义的差异（信息）可能在密切耦合的关系中产生的条件是：观察者和感兴趣系统之间存在某种一致性与嵌入其中的关系网络，以及使他们协调的条件，以增强一致性。观察者可能需要试验不同的耦合模式，以产生足够多样的信息，并密切监测他们自己的贡献、感兴趣系统的响应，以及耦合动力学及其在自身、目标系统和耦合中经历的转换方面的影响，才能成为有效的变革者（Ashby，1958；Caves et al.，2018）。

2.5 从关系复杂性到相对复杂性

从关系建设性的世界观的角度，可以阐明关于复杂性的多种观点。如同观察者的一种属性一样，复杂性可以被看作（如果是）世界的一种"真实"属性，但是这些复杂性是由一种更为广泛的观点建构起来的。在这种观点下，复杂性必然被理解为彼此相对或是一种耦合（关系）属性的表达方式。从这个角度来看，在某些条件下，出于特定的实用目的，独立地提及这些"复杂性"是可以的，就好像它们是独立的。因此，复杂的思维也似乎可以被视为观察者的一种独立属性。尽管如此，将复杂性理解为一种表征观察者与世界之间关系的关系属性会更好，它描述了观察者与世界之间的关系，可以在更广泛的关系网络背景下进行评估，该关系网络支持观察者群体，以及感兴趣系统之间、观察者与系统之间的关系。

这些"复杂性"（观察者、世界、关系）之间的关系构成了宇宙复杂性及其向着日益分化、整合与提高涌现能力方向演变的基础。在一个广泛的关系池中，并非所有关系都与特定观察者群体所经历的那样在维持给定现实方面同样相关或关键。让我们设想，在宇宙中，作为一个巨大的动态关系矩阵，存在不同的关系配置，它们更有力地支撑着一个特定观察者 Ox（能够将 x 识别（关联）为 x 的观察者）或观察者群体 COx（一个共享识别（关联）x 为 x 能力的观察者群体）感知到特定实体 x。我们还可以假设，存在不同观察者、观察者群体及其他实体，它们通过不同程度的投入与贡献来参与构成关系，这些关系可以更加直接地支撑一个更为广泛的关系网络的一部分，这个广泛关系网可以使 x 被识别为 x 属性，我们可以称之为 Netx。可能会出现这样的情况：参与或处于更广泛关系空间中特定区域的特定观察者群体 A，可以通过一系列关系配置以及一些观察者群体 B 不能掌握但似乎与观察者群体 C 可获得的部分一致的属性来识别对象或感兴趣系统。从某种程度上讲，有一个"外部"的现实有待于观察者群体 B 去"发现"，但这个现实以给定的方式存在于 A 和部分 C 之中，并通过 Netx 维持。这可以被视作一个存在的"真实的现实"，至少作为一种潜力，它通过 Netx 维持且相对独立于观察者群体 A、B、C，以 x 的形式出现在 A 和部分 C 中。观察者群体 A 和 C 能够将现实的部分内容识别为 x 的某些性质，但是这将以非常不同的方式存在，或者对 B 来说根本就不存在，可能 A、C 及其他群体甚至都能看到 x 与 B 之间的关系和它们之间到底如何相互影响，但是 B 不会意识到。

给定的实体/系统 x（由 A 群体感知）提供了一些不依赖于 B 群体识别能力的真实的、当前的属性。因此，x 以某种方式独立于 B 存在，但并不为 B 存在。尽管 B 意识不到这个现实，但根据与维持 x（由 A 感知的）存在的配置相关的 B 所处的位置，它可能改变这一现实或体验这一现实带来的变化。不过，这一现实或多或少都在被 A 或其他观察者与关系群体支撑着，这为其他关系和与其他观察者的耦合创造了可能性（Gibson，1986）。

然而，观察者能够感知的内容也取决于它们的结构能力（结构测定）和耦合模式（Maturana et al.，1992）。除了原始的观察者（随着第一个区别行为出现），没有一个观察者可以获取完整的知识、全部可能的标点方式与区别。知识依赖于界限和约束，与区分行为相关联（Cilliers，2002；Kauffman，1987）。我们无法知道某些事情，除非在以下约束条件下：①通过我们自身的内部构造；②通过我们对世界的贡献，通过我们与世界的联系；③由给定的观察者群体和关系矩阵所维持的世界组织为我们与它的耦合提供了可能性；④通过由此产生的耦合及其反馈与递归的影响；⑤由我们更直接参与的其他关系所建立的积极和消极约束，并维持世界上特定属性配置的更为广泛的关系网络。

我们现在可以重新审视之前介绍的想法，以便更好地阐明复杂性概念的相对框架。

根据它们的结构测定（Maturana et al.，1992），具有不同关联能力的观察者可以感知（构建）不同的现实，并与其他实体建立不同类型的关系与耦合模式，从而滋生新的现实，既为他人也为自己改变了采取不同行动的可能性。这种能力与它们的复杂性有关，但对于它们复杂性的判断只能是相对的。在某些条件下，关于复杂性或复杂思维的陈述可以说得好像它们是独立的。然而，人们需要意识到这种处理所需的潜在假设与特殊条件。复杂性必然是一个相对概念，人们需要厘清哪些相对视角被用来比较复杂性的差异（在观察者、系统、耦合过程与结果之间与内部）。在某些情况下，这些比较中的一些可以被视为其他比较的代表，并且复杂性也似乎可以被视为一种独立属性，但阐明该策略所依据的假设仍然重要。

因此，当我们追求知识或发现"外面"的现实时，在某种程度上，我们谈论的是我们与"外面"的世界耦合而提出的，但只有在这些交互中才会呈现特定的样貌。我们也在追求由其他观察者群体或参与者在已知（或假设的）关系现实中构建和持有的知识，通过他们自己的塑造，为我们自己的耦合创造可供性。现实作为一个关系矩阵存在，它为不同的参与者维持着一系列不同的可能性。对一些观察者来说，相较于只能从非常有限的角度去体验，现实更具差异化和集成性。我们的知识总是与我们在关系网络中的位置相关。复杂性可以说是作为现实的一种属性而存在，这种属性锚定于其相关性，以及分化、整合、递归和涌现的潜力。但是，将复杂性作为世界的一种属性来讨论，这意味着假设了一种关系世界观。其中，对复杂性的评估或实现，这与观察者、感兴趣系统及其在更广泛的关系框架中的耦合所处的位置有关。

复杂的世界可能独立于（特定的）观察者而存在，但它不是以绝对独立的状态存在，因为它由关系来组织和维持。不同的关系配置在现实的结构中维持着不同的表达，本身由关系模式维持的不同的观察者群体也参与这一现实结构。一些观察者群体，由于他们在这些关系网络中的身份，可能能够实现更高水平的整合，也可能因此在维持或提供被其他观察者（群体）感知的现实方面发挥更加突出的作用（Gibson，1986），从其特定位置"给予"他人。一些观察者会比其他观察者更复杂，以至于他们可以耦合创造更多分化和整合（互联）的现实结构。他们能够采用更广泛的观点、更广泛的方法来协调并整合它们，从而产生更广泛的行动可能性及耦合模式，由此产生更多的信息（差异），并最终导致他们所维持的关系网络的变化。一些群体能够整合并超越其他群体的建构。获取"更多的"或"更好的"知识可以被认为是一个目标，该目标被定义为与假设的更复杂的群体观察者有关，或是与一个给定的感兴趣观察者先前的某些状态有关。一些观察者（尤其是在人类社会领域）的行为方式可能会导致他们的关系网络发生深刻转变，从而显著地塑造或改变他们的现实。但对于其他，如果没有完全嵌入并处于定义对象 x 在关系网络中的关键位置，那么这个观察者或实体可能对于特定的对象 x 而言就是一个相对无所谓的存在。

让我们考虑一个理想（或理想化）观察者（Ideal(ised) Observer, IO）（例如，从宇宙中大量未分化关系中出现的原始观察者）。理论上，IO 能够直接（或间接）参与与其他现有实体的所有可能关系，并在所有可能的时间框架内，在宇宙的关系矩阵中绘制无限数量的边界和切口。因此，IO 采用了无限数量的角度、观点或立场：本质上，它可以访问所有知识。IO 应能够定位和识别所有其他关系实体、系统、观察者和观察者群体，并将它们定位在所有可能的关系配置中。因此，IO 应能根据其相对复杂性来比较不同观察者群体的耦合与构建模式。

在图 2.2 中，我们阐述了一个理想（或理想化）观察者的假设立场（最终是一个原始观察者）与其他观察者群体的关系。对于观察者群体 A、B 和 C 来说，感兴趣系统 X 以独特的形式和维度出现。IO 能够识别所有这些结构，也能够理解它们受到具有特定关系配置的相关条件的约束。这些关系配置划定了这些群体的边界，从而划定了这些群体的内部和外部关系。

对于给定的实体和观察者群体，系统 X 以某种方式存在。当参与某个系统并试图理解其复杂性时，可以将其他（或多或少为人所知或抽象的）群体作为参考点，用来思考当前已知的（或可能了解的）关于系统的内容。由特定观察者群体确定的维持该系统的关系，在边界定义和耦合能力方面创造了一种可能性和规律性，使该系统能够被其他人以类似的方式识别。如果一个观察者与系统的耦合方式不仅与维持系统的关系组织一致，而且提供更多不同的、综合的描述在意义上也一致，就有可能导致行动的可能性增加。我们认为，当耦合由一套我们目前认为的组织复杂系统的原则进行组织时，有可能出现新的信息，这将增加耦合的复杂性，从而出现新的结果（信息），这些结果（信息）本身可能进一步引导耦合增加复杂性，从而增强行动和改变的可能性。

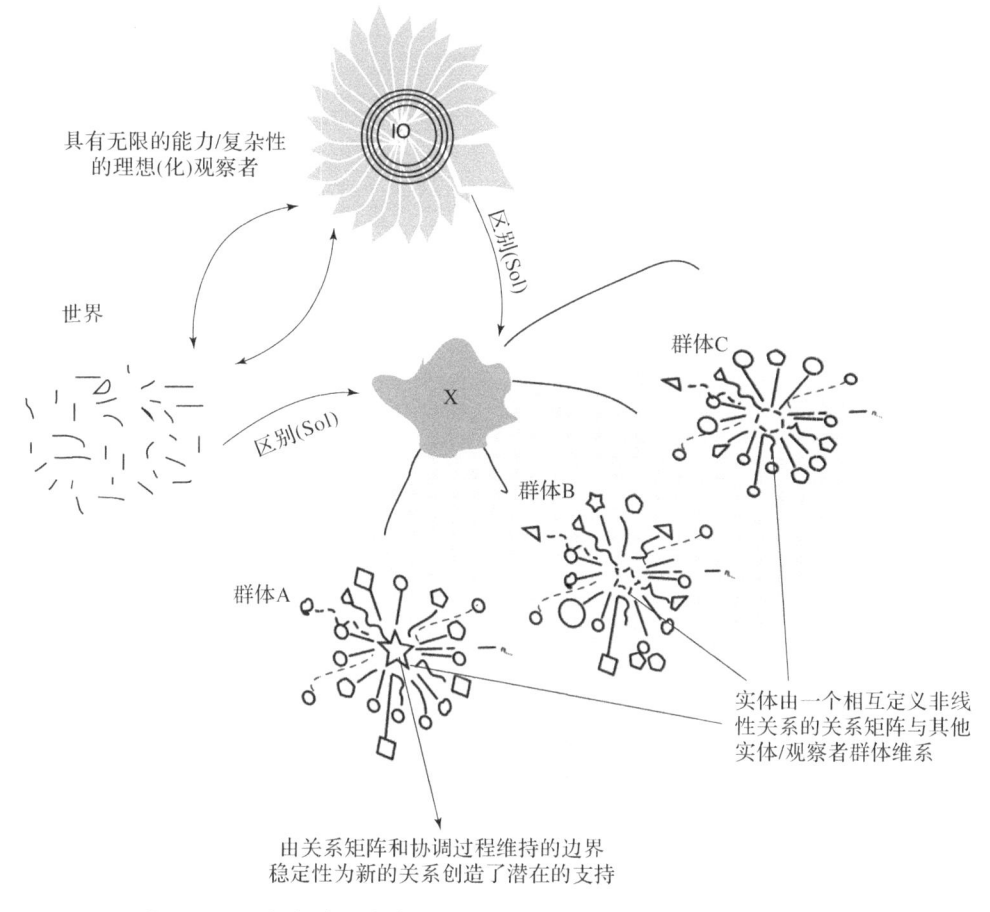

图 2.2 理想化的观察者（IO）与其他观察者群体（A、B 和 C）和感兴趣系统（SoI）的关系

因此，理解观察者和感兴趣系统之间的耦合本质，以及这种耦合导致的一致性和复杂性增加的程度，对于我们理解如何支持变革管理的复杂系统至关重要。不同的观察者将受到其行动可能性的耦合模式的限制。在图 2.2 中，感兴趣系统以不同的形式和维度出现在观察者群体 A、B 和

■ 演绎复杂性：建立复杂思维的实践基础

C中。理想的观察者应该能够理解和阐明所有其他可能的观察者的结构，并能够通过所有可能的时间段（持续时间和频率），根据其结构的相对复杂性，评估他们与感兴趣系统的关系。

图2.3给出了在观察者和系统之间以及系统内部可以进行的不同类型的比较的抽象示例，以及如何就它们的相对复杂性发表声明。它揭示了在什么条件下，语句的复杂性可以被认为是独立的，并提供了一些例子。

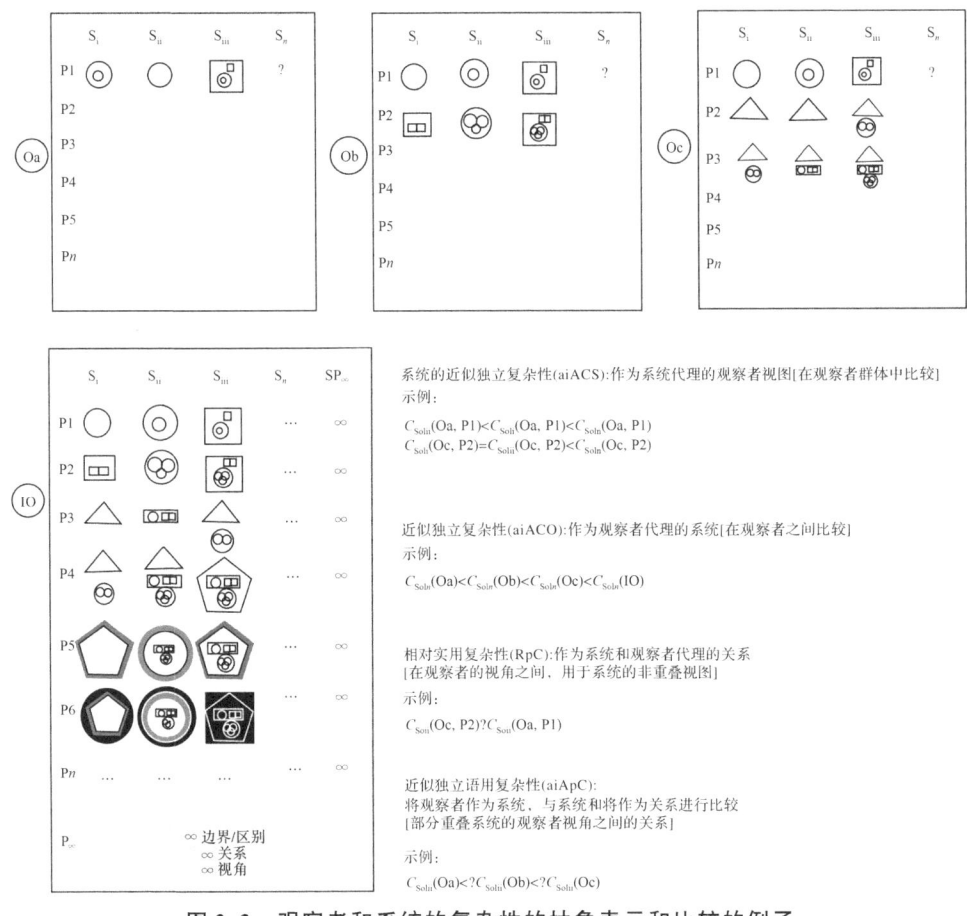

系统的近似独立复杂性(aiACS)：作为系统代理的观察者视图[在观察者群体中比较]
示例：
$C_{Soln}(Oa, P1) < C_{Soln}(Oa, P1) < C_{Soln}(Oa, P1)$
$C_{Soln}(Oc, P2) = C_{Soln}(Oc, P2) < C_{Soln}(Oc, P2)$

近似独立复杂性(aiACO)：作为观察者代理的系统[在观察者之间比较]
示例：
$C_{Soln}(Oa) < C_{Soln}(Ob) < C_{Soln}(Oc) < C_{Soln}(IO)$

相对实用复杂性(RpC)：作为系统和观察者代理的关系
[在观察者的视角之间，用于系统的非重叠视图]
示例：
$C_{Soln}(Oc, P2) ? C_{Soln}(Oa, P1)$

近似独立语用复杂性(aiApC)：
将观察者作为系统，与系统和将作为关系进行比较
[部分重叠系统的观察者视角之间的关系]
示例：
$C_{Soln}(Oa) <? C_{Soln}(Ob) <? C_{Soln}(Oc)$

图2.3 观察者和系统的复杂性的抽象表示和比较的例子

图2.3描绘了Oa、Ob、Oc和IO四个不同观察者（或观察者群体）的观点。我们假设这些观察者能够为了特定的目的识别某些感兴趣系统。

其中，列代表了他们对该系统观点随着时间推移的演变，也可以代表他们对不同系统的比较观点；行表示不同类型的视图或透视图（P）的示例，作为在特定时间点根据给定观察者区分该系统的关系配置的快照。几何图形表示不同的假设维度：通过这些参数，观察者能够描述系统或与系统交互，或者以不同的方式绘制边界和区别；它们代表了思维的分化维度。这些形式的相对位置可以表示这些维度之间的抽象关系，以及联系和整合它们的方式。例如，在一些图形中，一些维度包含其他维度，而在另一些图形中，它们被放在同一层次。

与理想观察者相对应的信息只是该观察者可以采取无限视角的样本，这自然包括比其他观察者更复杂的观点。从不同观察者的角度，关于世界复杂性的绝对陈述只能与这个 IO 的复杂性建立关系。因此，即使这些陈述看起来是绝对的，但实际上它们是相对于认为这个 IO 具有无限复杂性这一假设的角度（或观点）而言的。

就这一 IO 而言，只要在系统的边界问题上达成最低限度的一致，使不同的观察者都能将其视为 X 系统，而不管他们是如何描述它的，就有可能对不同系统以及不同观察者之间与该系统有关的不同复杂程度做出说明。如果没有这样的一致意见，比较就没有意义，人们只能根据他们提供的描述和相应的行动可能性①及其效果，来评估他们选择系统定义的语用相关性和影响。

有了这样的协议，就可以在观察者内部或观察者之间，就不同系统（或给定系统）在不同时刻的相对复杂性做出说明。但是，这些条件需要

---

① 参见实用主义的知识和真理观："考虑一下我们认为该对象应当具有哪些影响，这可能具有实际意义。这之后，我们对这些影响的概念就是我们对该对象的概念"（Buchler, 2014）；"为了从我们对一个对象的看法中获得关于此对象完全清晰的认识，我们只需要考虑该对象可能涉及哪些可想象的影响——我们期望从中收获何种感受，以及我们必须准备何种反应。关于这些效果的概念，无论是直接的还是深远的，只要这个概念具有积极意义，对我们而言都是我们对于此对象的全部概念。这就是皮尔斯原则（the principle of Peirce），实用主义的原则。"（James, 1955）

明确。IO能够考虑到所有可能的时间切片和视角，并根据不同的约定边界来比较观察者和系统。通过在更广泛的关系矩阵的目标区域中设置时空限制，我们就可以定义边界并提取一个系统，在该系统中可以比较不同观察者及其构造（取决于达成一致的边界条件）的复杂性。然而，这种判断只能通过采用IO或者其他比被分析者更复杂的观察者视角来做出。我们注意到，这样的判断需要由相对复杂性足够高的观察者做出。

此外，还可以通过时间、相同或不同观察者的观点来比较系统的复杂性，并比较它们对一个达成共识的系统或一组感兴趣系统的观点之间的复杂性，考虑它们之间的相互关系和（或）与IO的关系。

图2.3中的示例支持着简化的操作定义和条件示例，在这些条件下，可以在四种不同类型的场景中进行（近似）绝对与相对复杂性的论述。

（1）系统的（近似）绝对复杂性：在这种场景下，观察者对给定系统的观点被视为关于系统复杂性陈述的代表。在某些情况下，当观察者内部的多个视角及其与系统的关系被视为系统复杂性的代表时，相对复杂性就被视为系统的（近似）绝对复杂性。系统的复杂性是通过考量系统与其观察者视角的复杂性来评估的（在它们与系统关系的背景下）。观察者角度和系统崩溃被（近似）视为相同，以便可以对后者的复杂性做出判断，就好像它是绝对的：就好像系统存在于某个观察者视角之外。

（2）观察者的（近似）绝对复杂性：在这种场景下，系统和关系作为观察者的代表。在某些情况下，由于观察者与系统的耦合，当比较观察者所有可能的视角时，它们的视角至少有一些部分重叠，有些因为比其他观点更加复杂而可能能够包含或整合其他观点。在这些情况下（在对系统及其边界的定义达成最小协议的情况下），我们可以探讨观察者的相对复杂性，就好像它是独立的一样，将能够拥有最包容且最综合观点的观察者视为最复杂的观察者。尽管系统将给出不同的挑战并呈现不同的可供性，但基于其关系配置中的耦合历史以及与先前观察者的关系，它们与当前观察者的关系及从耦合中出现的观点被视为观察者的复杂性。

这种比较认为，最复杂的观察者将是能够拥有最完整的知识，拥有最大量的描述、区别和视角，同时具有整合它们能力的观察者。所有观察者都要与 IO 比较。

（3）观察者的相对语用复杂性：在这种场景下，关系被认为是观察者与系统的代表。如果观察者的视角之间只有很少（或没有）重叠，并且它们似乎都不能整合其他观察者的视角（甚至到了它们可能看起来是不同系统的地步），那么只能进行相对语用复杂度的判断。这些判断仅限于在与系统耦合的目的或意图（例如，促进某种类型的变化），或系统本身的意图方面至少存在最低限度一致的情况。在这些情况下，可以将系统和观察者分解为它们的关系，根据耦合过程与给定目的/意图相关的可能性来判断复杂性，根据其效果与可取性来评估实用结果的适用性。在相对实用主义的术语中，如果一段关系为行为提供更多可能性[1]并导致选择数量增加，从而产生与一系列给定的目标或价值观相关的更积极的结果，那我们可以称这个关系是更复杂的。

（4）观察者的（近似）绝对语用复杂性：在这种场景下，系统与观察者的关系/耦合被视为观察者复杂性的代表。这时在观察者视角之间至少有最小重叠，且可以比较观察者与系统耦合所产生的观点，并将它们作为观察者复杂性的代表，观察者的（近似）绝对复杂性和相对语用复杂性（前面的场景（2）和场景（3））条件的组合。尽管原则上一个观察者可以认为比另一个观察者更复杂，但由于可用行为的可能性更加多样，因此最终决定其复杂性的是其选择结果的适应性。结果的这种适应

---

[1] 这一立场与 von Foerster（2003c）在 *Constructivist Ethical Imperative*（《建构主义伦理要义》）的陈述"我将始终以增加选择的总数为目的采取行动"有关。

性既受到耦合过程和指导它的目的/目标的影响，也受到观察者内部组织及其历史和产生特定压力和约束的关系背景的影响。因此，尽管原则上可以认为给定的观察者表现出更强的（近似）绝对复杂性或复杂性潜力，但如果给定一系列行动的可能性，他们的选择会被一组给定的批判性观察者[①]判定为会导致更差的结果，那么他们会被判断为不那么复杂。因为他们可能没有考虑到更广泛的关系和背景条件，甚至与他们的耦合相关的方面。例如，考虑到给定的目标或目的，这将导致他们选择更简单的、最适合变换场景的复杂性的行动方案。

2.6 参考文献

W. R. Ashby, Requisite variety and its implications for the control of complex systems. Cybernetica **1**, 83 – 99（1958）

G. Bateson, *Mind and Nature: A Necessary Unity*（Bantam Books, New York, 1979）

J. Buchler (ed.), *The Philosophical Writings of Peirce*（originally published in 1955）（Dover Publications Inc., New York, 2014）

D. Byrne, G. Callaghan, *Complexity Theory and the Social Sciences: The State of the Art*（Routledge, London, 2014）

J. L. Casti, On system complexity: identification, measurement, and management, in *Complexity, Language and Life: Mathematical Approaches*, ed. by J. L. Casti, A. Karlqvist（Springer, Berlin, 1986）, pp. 146 – 173

[①] 我们所说的批判性观察者是指所有那些或多或少密切参与创建或维持给定感兴趣系统（由一组特定观察者确定）的关系网络的实体，以及那些可能或多或少直接或间接影响或是受此类感兴趣系统变化影响的观察者。在某种程度上，批判性观察者的想法与利益相关者的概念有关，但我们提出的更强烈地基于关系世界观，仅限于人类观察者。

J. L. Casti, A. Karlqvist, Introduction, in *Complexity, Language and Life: Mathematical Approaches*, ed. by J. L. Casti, A. Karlqvist (Springer, Berlin, 1986), pp. xi – xiii

L. Caves, A. T. Melo, (Gardening) Gardening: a relational framework for complex thinking about complex systems, in *Narrating Complexity*, ed. by R. Walsh, S. Stepney (Springer, London, 2018), pp. 149 – 196. https://doi.org/10.1007/978 – 3 – 319 – 64714 – 2_13

P. Cilliers, Why we cannot know complex things completely. Emergence **4**(1/2), 77 – 84 (2002)

P. Checkland, J. Scholes, *Soft Systems Methodology in Action. Includes a 30 – year Retrospective* (Wiley, Chichster, 1990)

P. A. Corning, The re – emergence of "emergence": a venerable concept in search of a theory. Complexity **7**(6), 18 – 30 (2002)

B. Edmonds, Complexity and scientific modelling. Found. Sci. **5**, 379 – 390 (2000)

J. J. Gibson, *The Ecological Approach to Visual Perception* (Psychology Press, New York, 1986). (Originally published in 1979)

J. A. Goguen, F. Varela, Systems and distinctions: duality and complementarity. Int. J. Gen Syst. **5**, 41 – 43 (1979)

H. Haken, *Synergetics* (Vieweg + Teubner Verlag, Wiesbaden, 1973)

F. Heylighen, *Complexity and Evolution. Fundamental Concepts of a New Scientific Worldview*. Lectures notes 2017 – 2018 (2018), Retrieved from http://pespmc1.vub.ac.be/books/Complexity – Evolution.pdf

F. Heylighen, P. Cilliers, C. Gershenson, Complexity and philosophy, in *Complexity, Science, and Society* (2006), http://cogprints.org/4847/

W. James, *Pragmatism and Four Essays from The Meaning of Truth*. (New American Library, New York, 1955). (Pragmatism originally published in 1907; The Meaning of Truth originally published in 1909)

L. Kauffman, Self-reference and recursive forms. J. Soc. Biol. Struct. **10**, 53–72 (1987)

B. P. Keeney, *Aesthetics of Change* (The Guilford Press, New York, 1983)

S. Kelso, Coordination dynamics, in *Encyclopedia of Complexity and Systems Science*, ed. by R. A. Meyers (Springer, New York, 2009), pp. 1537–1564

S. J. A. Kelso, D. A. Engstrom, *The Complementary Nature* (MIT Press, Cambridge, MA, 2006)

J. Ladyman, J. Lambert, K. Wiesner, What is a complex system? Eur. J. Philos. Sci. **3**(1), 33–36 (2013)

R. M. Lerner, *Concepts and Theories of Human Development*, 3rd edn. (Lawrence Erlbaum Associates, New York, 2002)

M. Lissack, The context of our query, in *Modes of Explanation. Affordances for Action and Prediction*, ed. by M. Lissack, A. Graber (Palgrave Macmillan, New York, 2014), pp. 25–55

J. Macy, *Mutual Causality in Buddhism and General Systems Theory: The Dharma of Natural System* (State University of New York Press, New York, 1991)

S. M. Manson, Simplifying complexity: a review of complexity theory. Geoforum; J. Phys. Hum. Reg. Geosci. **32**(3), 405–414 (2001)

H. Maturana, Biology of language: the epistemology of reality, in *Psychology and Biology of Language and Thought. Essays in Honor of Eric Lenneberg*, ed.

by G. Miller, E. Lenneberg(Academic Press, Cambridge, MA, 1978), pp. 27–63

H. Maturana, F. Varela, *The Tree of Knowledge. The Biological Roots of Human Understanding* (Shambhala, Boston, MA, 1992)

L. McIntyre, Complexity: a philosopher's reflections. Complexity **3**(6), 26–32 (1998)

D. W. McShea, R. N. Brandon, *Biology's First Law: The Tendency for Diversity and Complexity to Increase in Evolutionary Systems* (University of Chicago Press, 2010)

C. R. Mesle, *Process-Relational Philosophy. An Introduction to Alfred North Whitehead* (Templeton Press, West Conshohocken, PA, 2008)

E. Morin, From the concept of system to the paradigm of complexity. J. Soc. Evol. Syst. **15**(4), 371–385 (1992)

S. Oyama, P. Griffiths, R. Gray, *Cycles of Contingency. Developmental Systems and Evolution* (The MIT Press, Cambridge, MA, 2001)

M. Reynolds, Evaluation based on critical systems heuristics, in *Using Systems Concepts in Evaluation: An Expert Anthology*, ed. by B. Williams, I. Imam (Edge Press, 2007), pp. 102–122

M. Reynolds, Bells that still can ring: systems thinking in practice, in *Moving Forward with Complexity: Proceedings of the 1st International Workshop on Complex Systems Thinking and Real World Applications*, ed. by A. Tait, K. Richardson (Emergent Publications, Litchfield Part, AZ, 2011), pp. 327–349

M. Reynolds, S. Holwell, *Systems Approaches to Managing Change: A Practical Guide* (Springer, London, 2010)

K. Richardson, The hegemony of the physical sciences: an exploration in complexity thinking. Futures **37**(7), 615–653 (2005)

R. Rosen, Complexity as a system property. Int. J. Gen. Syst. **3**(4), 227–232 (1977). https://doi.org/10.1080/03081077708934768

R. Rosen, *Life Itself. A Comprehensive Inquiry into the Nature, Origin and Fabrication of Life*(Columbia University Press, New York, 1991)

R. Rosen, *Essays on Life Itself* (Columbia University Press, New York, 2000)

A. Stetsenko, *The Transformative Mind: Expanding Vygotsky's Approach to Development and Education* (Cambridge University Press, New York, 2017)

G. Tononi, O. Sporns, G. M. Edelman, A measure for brain complexity: relating functional segregation and integration in the nervous system. Proc. Natl. Acad. Sci. U. S. A. **91**(11), 5033–5037(1994)

W. Ulrich, Reflective practice in the civil society: the contribution of critically systemic thinking. Ref. Pract. **1**(2), 247–268 (2010)

F. Varela, Not one, not two. *The Coevolution Quarterly*, *Fall* (1976), pp. 62–67

H. Von Foerster, On constructing a reality (Address originally published in 1973), in *Understanding Understanding: Essays on Cybernetics and Cognition*, ed. by H. Von Foerster (2003) (Springer, New York, 2003a), pp. 211–227

H. Von Foerster, Cybernetics of cybernetics (originally published in 1979), in *Understanding Understanding:Essays on Cybernetics and Cognition*, ed. by H. Von Foerster (2003) (Springer, New York, 2003b), pp. 283–286

H. Von Foerster, Order/Disorder. Discovery or invention? (originally published in 1984), in *Understanding Understanding: Essays on Cybernetics and*

Cognition, ed. by H. Von Foerster(2003) (Springer, New York, 2003c), pp. 273 – 282

A. N. Whitehead, *Process and Reality (corrected edition)* (The Free Press, New York, 1978)

M. Williams, W. Dyer, Complex realism in social research. Methodol. Innov. **10**(2), 1 – 8 (2017). https://doi.org/10.1177/2059799116683564

3

作为耦合的观察者 – 世界的复杂思维：
过程和结果

摘要：本章以 Morin 的工作及一种关系世界观为基础，将复杂思维（complex thinking，CT）概念化为一种与世界耦合的模式，并将其理解为过程和结果。知识创造被认为来源于观察者与世界之间的耦合关系产生的差异。本章介绍了一个提案，通过一系列受到自然、生物和社会世界特征的启发的维度和相应属性，将复杂思维进行概念化和操作化。本章讨论了这些属性如何允许观察者管理其对耦合关系的贡献，以一种可能导致产生新的有意义信息的方式增加其复杂性和一致性，从而进一步指导他们的行动得到更积极的结果。本章区分了一阶复杂思维和二阶复杂思维，并讨论它们与溯因思维的关系，以及它们在不确定性和歧义情况下指导行动的作用。本章还讨论了对复杂思维的定义，及其与复杂性思维和复杂系统思维的概念的关系，并将它们加以区分和联系。

关键词：耦合模式；复杂思维；溯因；溯因思维；复杂性思维；复杂系统思维

3.1 复杂思维是一种耦合模式

基于 Morin（2005）的工作，并立足于一种关系建设性的世界观，我们将复杂思维（complex thinking，CT）视为一种耦合模式，将这种耦合模式定义为耦合过程（耦合模式）和耦合结果。这一概念受到认知的关系性和行为性观点的影响，其中把认知活动认为是"产生一个世界结构耦合的历史"（Varela et al.，1991），观察者与世界在互相决定的关系中共存。

我们的思维模式或与世界的耦合产生了差异（信息），这些差异（信息）塑造了我们与世界进一步互动并与之共同演化的方式。作为一种耦合模式，复杂思维可以通过以下方面创造差异来产生信息：①个人状态与世界/系统的关系；②涌现论世界观和感兴趣系统与我们自己或其他观察者的先前观点相关；③观察者与世界之间关系的组织及其影响的经验。产生这些信息可能会导致思维改变，进而导致更加差异化和综合的观点，通过更一致的耦合为有效行动提供更多可能性。

复杂的关系组织是复杂思维的基本结果（Morin，1992）。面对世界及其复杂性的挑战，仅考虑复杂性是不够的，在复杂性中思考是至关重要的。因此，在这个提案中，复杂思维既是一种与世界关系的结果，也是一种呈现"鲜活生动"复杂性形式的关系实践或过程（Chia，2011；Rogers et al.，2013）。

因此，复杂思维包括以下两方面：

（1）耦合模式。复杂思维是一个过程，由一系列同时存在的实践来维持：①致力于描述、解释、预测和调整世界（感兴趣系统）的复杂性，以及维持其复杂性的属性（给定观察者群体在给定时间点所识别到的）；②将这些属性作为耦合关系的贡献。

（2）耦合结果。复杂思维生成：①多种描述、解释、预测及其整合框架；②有意义的、涌现的、新颖的信息，可诠释为在观察者、目标系统和（或）其耦合关系中朝着增加一致性和复杂性的方向产生影响的差异（Bateson，1979）；③促进、支持或管理观察者、世界及其后续的耦合关系中变化的各种行动可能性，指导选择，以建立建设性的互动和积极的共同发展关系，进而能够维持对观察者、目标系统及其环境的积极结果，正如一组观察者（参与和（或）或多或少直接受结果影响的实体）所认同的模式。

在所提出的复杂思维的概念中，评估思维的复杂性需同时兼顾过程和结果的考察。

虽然更复杂的思维形式将产生更广泛的行动选择，但它们也应该引导务实有效的选择和积极的改变（由一组关键观察者判断）。因为复杂整合了简单，最有效的选择可能与一个非常简单的行动过程有关，但该行动过程可能更适合生态系统（Caves et al., 2018），并且与其嵌入的给定行动生态系统的动态性更一致（Morin，2014）。作为耦合的结果，思维的复杂性也可以根据它所产生的预测和愿景的准确性及其所告知的行动后果来评估。因此，将复杂思维作为结果进行评估具有重要的实用价值。

我们引入复杂思维作为一个关系概念，其中"复杂性"的程度可用相对条件来诠释。然而，它也必然是一个动态的、不断演变的、依赖于环境的概念，以至于我们对世界的了解与对复杂性概念的认知可能会继续朝着日益分化和整合的方向发展，从而以递进的方式逐步形成我们当前可能无法预料的新想法、新模式、新描述、新解释及全新的世界观。

3.2 复杂思维的维度和属性

我们对复杂思维的诠释，遵循了 Morin 在捍卫一种与维持世界复杂性的过程相一致的思维方式方面的贡献。我们从复杂世界的特性中寻找灵感，以（重新）思考如何组织和实践我们的思维，从而更好地捕捉和体现这种复杂性。正如 Morin 所言："当我们将某些原则（回溯性原则、连通性原则、对话性原则）融为一体时，复杂性也是一种知识模式。它是一种思维方式。"（Morin，2014）

我们提出的一个关键假设是：当思维与复杂世界的组织原则与属性进行交互时，它更可能展现出涌现的属性与能力，从而扩大我们采取行动的可能性，这些行动更有可能适应生态系统并获得可持续性发展。尽管我们同意 Morin 的说法，即因其具备的关系组织，所有系统都被认为是复杂的，但我们也认可使用"复杂系统"一词来指代那些感兴趣系统，与之相关的相对复杂性尤为凸显，不仅在于其具备高度分化和整合的特征，并且在于其具有生态自组织动力学相关的递归过程（Morin，1992），以及由此产生的新颖性与超出观察者预想的方面。

复杂系统在与其周围环境耦合时产生新颖性，这增加了其自身的分化与整合，同时也有助于自身的耦合动力学和一致性程度（Matyrana, et al., 1992）。为了适应这种新颖性，观察者需要以连贯的方式做出反应，并通过与目标系统相协调的方式得以同步发展。此外，我们提出的复杂思维与耦合的过程和结果都相关。作为一个结果，思维的复杂性可以通过制定一个思维过程来增强，该思维过程体现了系统的关键属性；作为复杂性的外在表现，其能够与环境发生变化并与环境共同进化，产生必要的新颖性以适应变化，从而使其在面对内部和外部挑战时具备鲁棒性和韧性。

观察者对感兴趣目标系统的耦合关系做出积极贡献的能力，与他们自身相对的复杂性及其思维可被分化、整合并具备递归循环学习和进化的程度直接相关，进而可导致新元素的涌现（如想法、假设、模式、过程），这些元素能提升并有助于增强他们以递归方式增加耦合关系一致性的能力。

感兴趣系统越复杂，就越有可能超出观察者的预期反应（McDaniel et al., 2005），观察者可能会将其相对复杂性视作理解、预测、控制管理方面的困难（Edmonds，2018）。因此，尽管许多这类系统挑战了我们作为人类观察者的复杂性，导致我们在管理与其的关系时遇到挫折和困难，但它们也同样令我们敬畏与惊叹。

在众多自然和社会系统中，创造新奇事物的能力是世界复杂性的核心。惊奇需要特定类型的思维和探索性方法，这些思维和方法本身能够产生新事物，并在与世界和感兴趣目标系统的关系中不断发展和适应。

在某种程度上，溯因推理是一种创造性的思维形式，它将发现的逻辑组织起来，从而形成新的解释性假设[①]。Charles Sanders Perice（CP，6.522-8；Buchler，2014）提出以下溯因推理的通用形式：

某一个令人惊讶的事实 C 被观察到，

但如果 A 为真，则 C 将是理所当然的结果。

因此，有理由认为 A 是真的（CP，5.189）。

一种公认的类别对象 M1，对于其普通谓语 P1、P2、P3 等，识别不清。

假设对象 S 具有这些相同的谓语 P1、P2、P3，

因此，S 是 M 的一类（CP，5.542，544-5；James，1903）。

例如，M 具有众多标记 P′、P″、P‴等，S 具有标记 P′、P″、P‴等的比例 r。

因此，S 与 M 具有 r 相似性（CP，2.694-7）。

溯因和想象力的飞跃本身可能是人类思维复杂性和我们与世界关系的具体表现。[②]

创造性和溯因性是密切相关的概念。创造性被定义为"提出新的、

[①] "一个人肯定是疯了，才会否认科学已经做出了许多真正的发现。但是，今天建立起来的每一项科学理论都是溯因造成的"（CP，7.172，903；Nubiola，2005，p.126）。

[②] "Perice 呼吁心灵与宇宙之间的协调（……）'我们的思想是在受机制规律支配现象的影响下形成的，这些规律中的某些概念被植入我们的头脑，因此我们很容易猜测这些规律是什么。如果没有这种自然的提示，我们不得不盲目地寻找适合现象的规律，那么我们将无法预估找到它的机会（CP 6.10，1891）'"（Nubiola，2005）。

令人惊讶的、有价值的想法和人工制品的能力"（Boden，2004），可能"本质上取决于个体在他（或她）的经验在不同领域中将可用元素联系起来的方式"（Nubiola，2005）。

在惊奇逻辑（Nubiola，2005）中运作的溯因思维（Fann，1970）可以被整合到一系列溯因实践中，这些实践有助于发展与复杂性批判及其内在创造力相一致的思维模式。

之前提出的溯因概念对应于一种元方法论实践（Melo，2018），它将溯因推理的逻辑与探索性立场（好奇心和开放性）及一系列关系实践结合在一起，旨在激发新信息的出现，以及发展与现有信息之间的创造性关系，从而促进信息的扩展、重组和转化。该概念是在讨论跨学科方法的背景下提出的，因为复杂性对我们的认知模式本身就构成了挑战（Klein，2004；Melo et al.，2020）。

在思维领域，作为一个与世界耦合的过程，涌现与溯因和一种新颖性有关。这种新颖性为行动和转变开辟了新可能性的。正如 Perice 所说："溯因建议的行为像闪电一样出现在我们面前。假设的不同元素以前就在我们的脑海中出现过，但正是那些将我们从未想象过的东西组合一起的想法，才让我们在之后的思考中获得了新的灵感"（CP，5.157，181，184–5，1891）。

在某些情况下，我们假设一个观察者与世界的耦合关系将导致出现足够多的有用信息，在与目标系统的关系中，在没有充分信息的情况下，可有效地指导积极的行动并管理相应变化。

我们提出：依据特定属性组织的强大的、积极的和足够复杂的耦合，能指导观察者行动与目标系统的协调，进而提高其一致性。通过递归性，这个过程支持学习和共同进化。

因此，复杂思维包含溯因策略或启发式方法。这些溯因策略或启发式方法支持观察者借助一种耦合方式来应对世界的惊奇，这种耦合通过关注复杂系统的一些关键特征，塑造了所产生信息的形成和再组织，从而为积极结果的行动和涌现理解提供了可能性。

Morin（1992，2005，2014）提出了复杂思维需要整合复杂性的三个核心原则：

（1）对话原则。通过该原则，在统一的背景下保持二元性（Morin，2005）；互补或对立的术语和现象可以相互关联和整合，同时又是有区别的。

（2）递归或组织递归原则。该原则允许一个过程同时作为自身的生产者和产品，是生命系统自组织的一部分，并且"对理解人类层面的复杂性具有重要意义"（Morin，2014）。

（3）全息原则。通过该原则，整体的思维被表示并包含在部分中（就像整体中的部分一样），它们积极地相互作用，产生了"整体大于部分之和"的效果（Morin，2014）。

与源自主流简化范式的分离和约简原则相反，复杂思维应该围绕"区分、连接和暗示的原则"进行组织（Morin，2005）。复杂性意味着分化和整合。因此，思维也必须能够区分和关联现实的不同维度。

根据 Morin 的见解，我们提出：一方面，复杂思维必须关注复杂世界的特定但多样性的原则与属性（如观察者在给定时间内所获知的信息）；另一方面，为了创造出现的条件，复杂思维必须将这些原则和属性整合到自己的组织中，以制定这种复杂性（以便扩展观察者可获得的知识和（或）在缺乏完备知识的情况下，依然可以获得积极可行的指导）。某种程度上，复杂思维是一种管理（相对）无知和不确定性的策略，并在这种情况下指导行动。

基于 Morin 的研究，在复杂性作为广泛的科学研究领域下，整合与系统思维实践和自然、生命和社会系统研究相一致的成果，我们提出了一个实用的提案，即根据一组组织维度和属性对复杂思维进行操作性定义，其维度和关键属性如表 3.1 所示。

3 作为耦合的观察者-世界的复杂思维：过程和结果

表 3.1　复杂思维的维度和关键属性

复杂思维的维度	关键属性
A. 结构的复杂性	1. 结构的多样性和维度 2. 关系性 3. 递归性
B. 动态/过程的复杂性	4. 时间尺度 5. 动态过程 6. 相对性、模糊性和不确定性
C. 因果关系和解释的复杂性	7. 互补模式和最终结果 8. 历史性 9. 复杂循环性 10. 涌现
D. 对话的复杂性	11. 二元性和互补性 12. 三元次与层次
E. 观察者的复杂性	13. 多重定位 14. 反射性 15. 意向性
F. 发展性和适应性的复杂性	16. 发展的适应性价值 17. 发展演化性
G. 语用的复杂性	18. 语用价值 19. 语用可持续性
H. 伦理与美学的复杂性	20. 伦理价值 21. 美学价值
I. 叙事的复杂性	22. 分化和整合 23. 身份性 24. 灵活性/开放性

这些属性将在后续章节中进一步阐述。

每个属性的定义将在下一章中进行详细说明。其中，有些属性适合作为过程的复杂思维，而另一些属性则适用于作为结果的复杂思维。尽管如此，它们中的大多数通过自己的递归组织（既是自己的结果又是自己的诱因），以及它们与其他属性的相互关系，将复杂思维描述为过程和结果，并进一步约束和塑造过程（以递归的方式）。我们认为这些属性以一种网络结构（该网络的结构和动态性质有待进一步研究）进行组织，以非线性方式相互影响。有些属性可能会更紧密地耦合在一起，而有些属性无法在没有其他属性的情况下构建，还有些属性有可能充当其他属性的促进者或推动者。了解这些属性之间关系的性质，将为旨在促进思维复杂性的干预设计中提供重要的见解。

此外，我们推测属性之间的相互作用将导致溯因飞跃，这可能在识别与目标系统关系管理中的关键过程中发挥核心作用。这一维度将在下一节中结合新出现的复杂思维概念进一步探讨。

值得注意的是，复杂思维概念的操作定义可能会随着世界的复杂性朝着日益分化和整合的方向发展和演变，作为人类观察者的复杂性也随之发展。因此，这一概念不仅是相对的，而且是动态的和不断演变的。

因此，我们提出的属性列表可能会经历几次转换。就目前而言，对复杂思维的一系列维度和属性的描述提供了对其概念的可操作性，这可能为其实践提供具体指导。其中，许多属性及其实践得到了很好的发展，如系统思维传统（Reynolds et al.，2010）。Morin 等人特别强调了一些与复杂性科学阐述的复杂系统的已知属性有关的问题。尽管如此，与一个复杂的立场一致，我们提出思维的复杂性不独立取决于这些属性。与之相反，这取决于它们对我们的结构分化和整合有多大的贡献（相对于目标系统，取决于这种耦合的强度），以及不同属性的组合导致涌现的理解程度和朝着积极变化行动的可能性。

3.3 一阶和二阶或涌现复杂思维

在许多情况下，有关感兴趣目标系统的可用信息仅提供其特征（行为）的非常粗略的映射（过于片面或不完整，无法支持有效的预测），而更详细的信息所需的时间框架与世界实际需求的节奏不符，这会产生高度不确定性和高风险的背景环境（Funtowicz et al., 1994）。在这些情况下，复杂思维尤其需要以二阶或涌现思维的形式出现。构建世界的映射通常就像构建一个拼图，其中的各部分是分散的甚至缺失的。

在组装拼图的过程中，可以采用不同的策略。例如，人们可以采用"一个接一个"的线性策略，具体操作是搜寻"正确的下一部分"或者采取试错策略。如果不考虑花费的时间（或者让自己保持好心情），这两种方法都有可能成功。但找寻缺失的"碎片"所需的大量资源常常难以获得。

然而，有时当它们为整体的组织提供有用信息时，只需要提供单个（或一小组）"碎片"便可以表明周围缺失"碎片"的性质及其排列形式；便可以促进人们对原本分散、尚未整合或未分类信息的理解。其中一个假设是，"如果这块碎片放在正确的地方，那么其他碎片就会有意义，并且以各种方式聚合"。单个碎片也可为组装整体提供关键的、哪怕是间接的信息，以引导下一步行动（例如，决定下一步寻找哪种类型的碎片）；并且，也可以生成额外的信息，以支持下一步的映射和对模糊系统得到更深入的理解。通常，正是这些假设所告知的试验行动的结果产生了更多完整的信息。然而，这些行动仅以部分信息为指导，人们依旧可以有效地管理此类信息，从而允许产生新的想法或假设。正是这样的间接映射（或二阶和涌现思维）推动了人类的知识发展，包括科学发展

■ 演绎复杂性：建立复杂思维的实践基础

上质的飞跃。①

更复杂的情况需要一种耦合的复杂性，导致这种形式的二阶或涌现复杂思维以溯因和想象力飞跃的形式实现（Fann，1970；Whitehead，1978）。这些飞跃通常采取假设和某种类型的溯因推理形式，并携带涌现的、新颖的和语用的相关信息（Fann，1970）。该信息可能启发式地用于与系统紧密耦合的情况下，探索系统并"填补空白"。借用 Whitehead 基于想象力飞跃的比喻②，这种思维类似于飞机从坚实的地面起飞的动作，在坚实的地面上发现证据并创建有关系统的信息，并且在复杂思维准则的推动下，获取并推测产生起飞的条件。然后，飞机需要再次落地，使用新创建的"镜头"对地面地形展开全新探索。

观察者不必直接匹配或完全映射目标系统的复杂性，可以通过管理耦合过程，为涌现新信息或新见解创造足够多的复杂性，这些新信息（或新见解）不仅可以揭示新维度，还可以整合之前已有的可用信息，而不必直接将其还原。③ 这些以假设形式出现的新见解可用于指导与系统相关的进一步行动，这些行动将带来尚未完全了解（或理解）的维度和过程。

涌现假设可以采取如下溯因推理形式，即"目标系统 X 以 A 方式表现，并与以 B 方式表现的观察者 O 相互作用。它们的耦合导致 X 改变、O 改变和 Z 改变。如果 C（假设）是真的，则 A 和所有这些改变都为真实事件"。因此，通过复杂思维的可用模式与系统深度沉浸和关联的过程所创造的涌现假设，将有助于理解系统及其变化，指导下一步行动。在这

---

① 与这种飞跃之后的渐进式进展相反，这通常与更多的溯因推理有关。
② "真正的发现方法就像飞机的飞行。它从特定的观察视角出发，在想象的稀薄空气中飞行，然后再次着陆，在理性解释中重新观察。"（Whitehead，1978）。
③ "如果我们放弃试图控制，我们就可以获得大量的多样性，这些多样性远远超过我们可能渴望的任何多样性。这为我们提供了最丰富的资源——无穷无尽的多样性资源，可为我们提供从未有过的见解和理解。这是（个人）新颖性和更新的来源，因此也是创造力的潜在来源。从这个观点来看，提高创造力的一种办法是停止试图控制、管理和享受这种丰富的多样性可以为我们提供的见解。"（Glanvile，2004）。

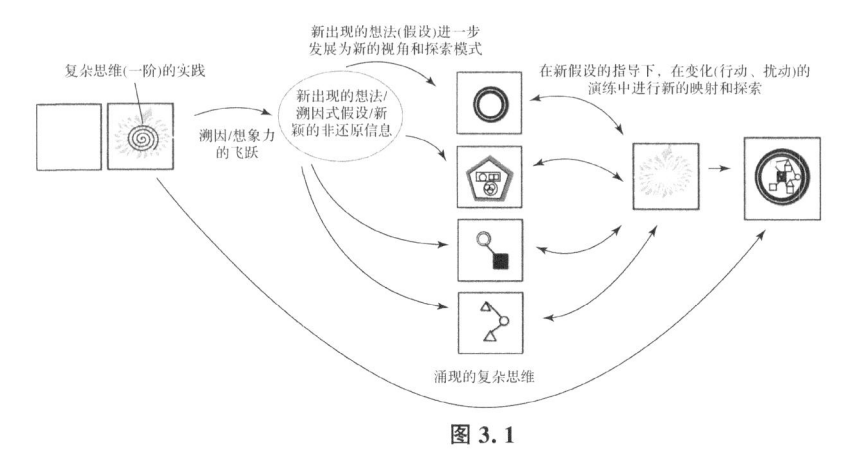

3 作为耦合的观察者-世界的复杂思维：过程和结果

个过程中，也可以寻求新的信息，这些信息可能会证实（或否定）假设C，但也会带来新的维度。涌现假设还可能有助于组织现有信息，并导致新一轮的直接探索和行动推演，从而实现对关键过程的阐明。一阶和二阶复杂思维紧密相连，因为后者的发生是基于前者在关键条件下产生的过程。随着直接（或一阶）和间接（或二阶或涌现）思维的循环发生，系统的新维度就可能会出现。

图 3.1 阐明了一阶和二阶复杂思维的实践。

图 3.1

图 3.1 中的左上角代表了复杂思维不同属性的形成过程，这些属性构成了不同的视角，允许区分特定类型和构建感兴趣系统的特定观点。这些视角中的每一个都可以构建出或多或少的差异化和整体化视角。

当我们重叠视角时，有可能实现一定程度的合成和整合。图 3.1 中的上半部分还说明了这种类型的合成和整合，以及多种思维轨迹中属性的有意组合和相互作用（以及由此产生的观点/视角），可能导致溯因飞跃，并产生新信息和假设，而这些信息和假设大都无法从已有的信息中被直接追溯到。

图 3.1 中的下半部分进一步说明了二阶或涌现复杂思维的过程，突出了涌现思想，这些涌现思想可能是由思维的不同属性和由此产生观点的以溯因假设的形式相互作用而产生的，被用作生成新的视角和策略的启发式工具，从而进一步组织耦合，并以可能产生更多信息的方式探索感兴趣的现象。

在复杂思维中，目标系统通过耦合来增加观察者的复杂性，以便观察者/干预者管理这一过程，从而提高信息潜力，同时让自己了解情况。在此过程中，观察者/干预者和目标系统都会发生变化，在其自身的结构限定和初始条件允许的范围内，可借助行动的可能形势或多或少地发生变化。因此，耦合所产生的信息必然会根据不同的观察者自身的复杂性，以不同的方式提供给不同观察者。通过耦合获得的信息将以不同的形式提供给不同类型的参与者，这取决于他们区分不同类型信息的潜力与能力。虽然一阶复杂思维的成功可能取决于属性特征，但也取决于系统产生的信息量；二阶思维可能更依赖于耦合过程的动态属性，以及如何管理和允许可用信息进行交互。当思维以强耦合的形式出现（Caves et al.，2018）并且它本身具有复杂的组织时，就有可能通过一个无法分析（或分解为碎片）的过程来创造新颖性和涌现新信息，因为这是一个合成涌

3 作为耦合的观察者-世界的复杂思维：过程和结果

现变化的结果。某种意义上，复杂思维（耦合）允许系统观察者（感兴趣系统）通过溯因和想象的飞跃来告知观察者。随后的循环（行动-信息、构建思维-重构思维）也可能让观察者在互动的背景下更多地了解自己，并增加自身复杂性。

本书认为可能存在一组最低限度条件，在该条件下，一阶复杂思维将导致二阶或涌现复杂思维，从而产生有意义、语用的相关信息，以支持与目标系统相关的变化管理。我们推测以下条件是极其重要的：

（1）有用来构建感兴趣系统基本关系图所需的最少可用信息，重点是耦合过程，即关于内部耦合/复杂性、与环境的耦合（由一组边界区分定义）、与干预者/干预者耦合信息，以及其自身的复杂性对耦合产生的贡献（Caves et al.，2018）。

（2）通过在不同领域（例如，在认知、情感、身体层面的耦合社会系统中）和不同来源的耦合，产生最少信息类型的多样性。

（3）与感兴趣系统和（或）其环境具有最强的耦合度，以便观察者可以快速更新监控系统状态及最小变化的知识。

（4）耦合过程整合并定制各种"复杂属性"，这些属性对于不同领域和不同类型的感兴趣系统的重要性可能有所不同。

（5）耦合过程的不同属性所产生的信息可以动态地和递归地进行交互。

对于不同类型的系统，这些条件可能假定不同的轮廓。最后两个条件则提出了组合各种启发式方法、策略和工具，以应对特定耦合属性带来的挑战。各种启发式方法、策略和工具可能已经用于不同领域，这些领域关注并制定特定的属性，即处在实践中的系统思维领域（例如，Checkland et al.，1990；Reynolds et al.，2010）和复杂性科学工具领域（例如，Bar-Yam，2004）。与复杂思维的维度和属性框架有关的映射有助于制定策略,从而促进和评估复杂思维并加以实践,以达到特定目的。此外,复杂思维的语用理论框架可以发挥元框架的作用,协调和整合各种贡献。

为了复杂思维的涌现,观察者需要放弃幻想或控制欲,并愿意接受信息的不确定性和偏向性。他们可能需要更多地充当园丁(Caves et al.,2018)或农民(Edmonds,2018)的角色,并参与更灵活的耦合模式和时间尺度,从而使得他们与正在研究(构建)的现实共同进化。他们的观点和自身的复杂性可能更多地通过引导耦合过程和自身对耦合过程的贡献来得以发展,而不是试图控制目标系统。

我们认为这种形式的复杂思维是复杂性的真实体现。这是一个过程和一种实践,也是一个由一套组织原则维持的结果。尽管如此,关系世界观(例如,Caves et al.,2018)可能不仅仅通过论点或事实来陈述,即不是采用系统的论点或陈述来提供信息(尽管可能包含这些信息)。例如,通过设置初始地图或世界观来探测系统,建议用一个通用的关系地图和一个通用的框架来支持这种探索。

思维对应于受情境约束的认知者的具体认知活动。认知的情境必然受到维持思考者活动的关系矩阵的约束和限制。所有知识都受到边界的约束和限制(Cillers,2002)。这些约束和限制在产生差异的程度上既具有限制性,又具有促进性(Bateson,1979)。

尽管我们将复杂思维作为一种有目的的活动形式来关注,但它可能会以不太有目的的方式展开,成为耦合系统自然行为的一部分。一些观察者可能使用不太正式或有意的策略,但在管理自然和社会系统方面表现出很强的能力。例如,聪明、经验丰富但未受过(正式)教育的园丁和受过高等教育但经验不足的技术工程师之间的差异(Caves et al.,2018)。

无论如何，我们相信复杂思维可以通过实践来培养和提高。我们还认为，对这一概念的阐述可以使其在一个务实的框架内得到可操作性的发展，在这一框架内，不同的维度和属性可以有的放矢，并与提高复杂性相关联，正如从关系的角度所构想的那样。

3.4 思维的过程和内容：复杂思维，复杂性思维和复杂系统思维

一个思维足够复杂的观察者最终可以（在理想观察者的极限内）实现目标系统的直接和完整映射。了解非常复杂系统的行为及其组织维度和特性，有助于映射复杂系统。这些是复杂性科学的一些重要贡献，因为它逐渐扩展了在我们认为最复杂系统的关键性的知识。

这个知识库可能会不断发展和变化。在任何时候，它都可以用来支持某些映射过程，为思维内容提供信息，或者作为启发式视角，指导对感兴趣系统的探索。

此外，这种基于知识的方法可用于告知观察者对与目标系统耦合关系贡献的复杂性，即耦合过程可能试图整合或包含的属性。在很大程度上，使用关于复杂性和复杂系统的现有知识的这两种互补方式与我们在区分复杂思维（与Morin的一般复杂性有关）和文献中经常出现的复杂性思维或复杂系统思维（通常与Morin的有限复杂性有关）之间的区别有关。这些表达有时可以互换使用，经常应用于复杂性思维的不同概念和维度（Melo et al.，2019）。我们选择保留"复杂性思维"和"复杂思维系统"的表达方式，主要是指由"复杂性理论"或"复杂性科学"所启发的思维内容。复杂思维被认为是一个更广泛的概念，更侧重于思维的过程和结果，可能会（也可能不会）明确地整合复杂性理论和复杂性科学的特

定内容。尽管如此，它将关注其所关注的许多属性。复杂性思维可以作为一种表达来指代许多概念（Melo et al.，2019），以及一系列假设和理论陈述。这些假设和理论陈述构成了一种在现实中进行区分和标记的方式，突出了当前与复杂性和复杂系统相关的一系列过程和属性（Cilliers，1998；Byrne et al.，2014；Érdi，2007；Kelso，1995；Manson，2001）。复杂性思维使用复杂性理论作为一种方式来调整这些系统的关键特征并掌握其运作模式（Richardson，2005，2008）。尽管复杂性思维可能会引起对过程的关注，但我们假设它主要对应于思维的内容和特定的词汇。然而，在某些情况下，这些内容可以用作视角，塑造我们与给定现实的关系并突出特定特征，从而忽视其他特征（Melo et al.，2019）。因此，它们也可以用作启发式方法，像系统思维的传统所提出的那样，通过关注特定类型的关系和区别来组织信息。因为内容可能与过程有关，所以这种思维有益于我们所说的复杂思维。当在内容层面理解时，复杂性思维可以被教授和传播、修订和更新。然而，在与目标系统的耦合中执行的过程不一定与它在世界上寻找的属性一致，也不一定执行。我们认为这是复杂思维和复杂性思维的主要区别点，前者是一个更大的、更笼统的概念，可以包含后者。复杂性思维可能会（也可能不会）导致复杂的思维过程，当它不仅仅是一个视角并试图以导致复杂结果的方式与世界保持一致时，复杂思维可能会（也可能不会）使用复杂性思维的视角和内容（Melo et al.，2019）。

作为一个过程，复杂思维关注看待感兴趣系统的特定方式，以及应用突出世界复杂属性的视角。但其最显著的特征是，它意味着一种对复杂系统特定属性进行设定的实践。作为一个依赖于一系列实践的过程，它可以得到改进、培养、丰富、训练和搭建，但不是严格意义上的教学。虽然复杂思维涉及一系列维持耦合过程的实践，可能会邀请观察者寻找特定类型的信息，但它并不一定决定思维的内容。因此，它可能会（也可能不会）整合我们所说的复杂性思维的内容。原则上，复杂思维可以在没有任何理论背景的情况下进行实践，作为或类似其他默认认知方式（智慧），即智慧的概念（Baltes et al.，2008）。我们认为，复杂思维是一个比复杂性思维更广泛的概念，尽管它可能会被复杂性思维所丰富，但不局限于此。复杂思维也可以被视为拓展和发展复杂性思维和复杂性理论的一种基本方式，因为它为被视为复杂的特定类别系统的新信息涌现的创造条件。复杂性思维可能会让我们对目标系统有一定的了解，但它确实会建立一种理解类型，这种理解类型与我们的解释和实践模式中的连贯感相关（Lissack et al.，2014）。另外，在某些情况下，复杂思维可能提供很少的"关于系统"的信息，但可以为观察者指出（或通过学习看到）一系列行动，这些行动可能导致更高的一致性和更积极的结果。

复杂思维建立在传统的系统思维模式之上，它提出了一套与世界建立关系并加以区分的做法，允许为创造信息制定特定的过程，从而为建立更广泛的行动提供了可能性，进而带来更积极的变化。在系统思维传统中发展起来的各种实践可能会对复杂思维做出重大贡献（Reynolds et al.，2010），并关注思维的过程和内涵。

3.5 参考文献

G. Bateson, *Mind and Nature：A Necessary Unity* (Bantam Books, New York, 1979)

Y. Bar-Yam, *Making Things Work：Solving Complex Problems in A Complex World* (Knowledge Press, New England, 2004)

J. Buchler (ed.), *The Philosophical Writings of Peirce* [*originally published*

1940] (Dover Publications Inc., New York, 2014)

D. Byrne, G. Callaghan, *Complexity Theory and the Social Sciences: The State of the Art* (Routledge, London, 2014)

L. Caves, A. T. Melo, (Gardening) Gardening: a relational framework for complex thinking about complex systems, in Narrating complexity. ed. by R. Walsh, S. Stepney (Springer, London, 2018), pp. 149 – 196. https://doi.org/10.1007/978 – 3 – 319 – 64714 – 2_13

P. Checkland, J. Scholes, *Soft Systems Methodology in Action. Includes a 30 – year retrospective* (Wiley, Chichster, 1990)

R. Chia, Complex thinking: towards an oblique strategy for dealing with the complex, in *Complexity and Management*. ed. by A. McGuire, B. McKelvey (Sage, Los Angeles, 2011), pp. 182 – 198

P. Cilliers, *Complexity and Postmodernism. Understanding Complex Systems* (Routledge, London, 1988)

B. Edmonds, System farming, in *Social Systems Engineering: The Design of Complexity*, ed. by C. García – Díaz, C. Olaya (Wiley, Chichester, 2018), pp. 45 – 64

P. Érdi, *Complexity Explained* (Springer Science & Business Media, 2007)

K. T. Fann, *Peirce's Theory of Abduction* (Martinus Nijhoof, The Hague, 1970)

S. O. Funtowicz, J. R. Ravetz, Uncertainty, complexity and post – normal science. Environ. Toxicol. Chem. /SETAC **13**(12), 1881 – 1885 (1994)

R. Glanville, A (Cybernetic) musing: control, variety and addiction. Cybern. Hum. Knowing **11**(4), 85 – 92 (2004)

S. J. A. Kelso, *Dynamic Patterns: The Self – Organization of Brain and Behavior* (MIT Press, Cambridge, MA, 1995)

J. T. Klein, Interdisciplinarity and complexity: an evolving relationship. Structure **71**, 72 (2004)

M. Lissack, A. Graber, Preface Lissack, M. & Graber, A. *Modes of Explanation. Affordances for Action and Prediction* (Palgrave Macmillan, New York, 2014), pp. xviii – xvi

S. M. Manson, Simplifying complexity: a review of complexity theory Geoforum. J. Phys. Hum. Reg. Geosci. **32**(3), 405 – 414 (2001)

H. Maturana, F. Varela, *The Tree of Knowledge. The Biological Roots of Human Understanding* (Shambhala, Boston, MA, 1992)

R. R. McDaniel, D. Driebe, *Uncertainty and Surprise in Complex Systems: Questions on Working with the Unexpected* (Springer, Berlin, 2005)

A. T. Melo, Abducting, in *Routledge Handbook of Interdisciplinary Research Methods*, ed. by C. Luria, P. Clough, M. Michael, R. Fensham, S. Lammes, A. Last, E. Uprichard (org.) (Routledge, London, 2018), pp. 90 – 93

A. T. Melo, L. Caves, Complex systems of knowledge integration: a pragmatic proposal for coordinating and enhancing inter/transdisciplinarity, in A. Adamsky, V. Kendon, (2020) *From Astrophysics to Unconventional Computing: Essays Presented to Susan Stepney on The Occasion of Her 60th Birthday.* Emergence, complexity, computation, vol. 35 (Springer, Cham, 2020a), pp. 337 – 362. https://doi.org/10.1007/978 – 3 – 030 – 15792 – 0_14

A. T. Melo, L. S. D. Caves, A. Dewitt, E. Clutton, R. Macpherson, P. Garnett, Thinking (in) complexity: (in) definitions and (mis) conceptions. Syst. Res. Behav. Sci. **37**(1), 154 – 169 (2019). DOIurl: https://doi.org/doi.org/10.1002/sres.2612

E. Morin, From the concept of system to the paradigm of complexity. J. Soc.

Evol. Syst. **15**(4), 371 – 385 (1992)

E. Morin, *Introduction à la Pensée Complexe* (Éditions du Seuil, Paris, 2005). [originally published in 1990]

E. Morin, Complex thinking for a complex world-about reductionism, disjunction and systemism. Systema: Connect. Matter Life Cult. Technol. **2**(1), 14 – 22 (2014)

J. Nubiola, Abduction or the logic of surprise. Semiotica **153**(1/4), 117 – 130 (2005)

M. Reynolds, S. Holwell (eds.), *Systems Approaches to Managing Change: A Practical Guide*(Springer, London, 2010)

K. Richardson, The hegemony of the physical sciences: an exploration in complexity thinking. Futures **37**(7), 615 – 653 (2005)

K. A. Richardson, Managing complex organizations: complexity thinking and the science and art of management. Emerg.: Complex. Organ. **10**(2), 13 (2008)

K. H. Rogers, R. Luton, H. Biggs, R. Biggs, S. Blignaut, A. G. Choles, C. G. Palmer, P. Tangwe, Fostering complexity thinking in action research for change in social – ecological systems. Ecol. Soc. **18**(2), 31 (2013). https://doi.org/10.5751/ES – 05330 – 180231

F. J. Varela, E. Thompson, E. Rosch, *The Embodied Mind: Cognitive Science and Human Experience*(MIT Press, Cambridge, MA, 1991)

A. N. Whitehead, *Process and Reality*(*Corrected edn.*)(The Free Press, New York, 1978)

4

复杂思维的操作框架

摘要：本章详细描述前几章介绍的复杂思维框架。我们提出并定义了复杂思维的 9 个维度、24 个属性来指导实践。我们讨论了该框架目前的发展阶段，并提出了一些有待未来解决的问题。

关键词：复杂思维；实践；复杂性；变化；复杂系统

复杂思维在原则和组织方面的可操作性可能特别有助于指导旨在描述、促进和评估思维复杂性的指标和策略的制订，适用于复杂系统的变革管理。

在此，我们介绍一个复杂思维的初步框架，提出一系列维度和属性，通过这些维度和属性可以对其进行操作，其重点是过程而不是内容。这些属性本身并不是干预的策略或工具，尽管其建议构建资源来指导我们在世界上的思考和行动。它们必然是嵌入的，是关系耦合实践的一部分，也是我们建立描述、解释或预测方式的基础。在我们与世界的交互中，它们可能以不同程度和不同类型的表达方式出现。因此，我们在以下部分中提出的属性可用于描述我们的耦合实践的性质，及其可能关注和执

演绎复杂性：建立复杂思维的实践基础

行复杂性的程度。这种实践可能有助于构建更具差异性和综合性的世界观，维持一种递归的、自组织的动态，在这种耦合中建立连贯性，可能会导致出现语用的相关结果。

我们的建议旨在为跨领域（更）复杂的思维形式奠定实践基础。如前所述，这项工作是开放式的，且不断发展。我们把它作为一个基础，在此之上继续建立一个（逐步）更强大的、自我实现（递归）的和复杂的（差异化、整合）复杂思维框架，以适应面对世界挑战的实践。这项工作对跨学派（学科）的互动、探索和应用发出了广泛的邀请，呼吁发挥各种背景和认识实践的作用。我们希望它能吸引其他人的批评和贡献：对其修订、扩展，并将其带入实践领域。我们的目标是激发未来关于支持复杂思维的实践的对话，比较不同领域的差异和共性，并促进战略和工具的交叉融合。我们希望与其他人合作，以拓宽理解、解释和管理世界变革的可能性，在这个世界上，我们作为人类观察者，我们可以采取行动，在我们所有人和我们的环境之间实现积极的共同进化和合作。面对多重挑战，在地方和全球进程的交叉点，在个人生活和更广泛的生态系统动态之间的交叉点，发展更复杂的思维模式和结果是迫切需要的，需要多个领域的共同努力和贡献。

因此，这个初步框架的介绍旨在邀请其他人在进一步发展中合作，进行比较练习，并探索其在不同领域（生活、认知）的应用。这个初步的框架采用了一系列维度和属性的形式，在此重点介绍流程，以无内容的方式进行描述。其可以为每个属性映射不同的实践，然后进行区分和关联，其方式与复杂思维的动态递归一致。

我们希望该框架能够作为一个过程，通过设置4.1节中所描述的属性，指导和支持对工具、资源和实践的识别，从而进行复杂思维，并评估其结果的性质和影响。它可以指导对现有工具和策略的系统性审查和跨学科映射，以及对新工具和策略的调整、开发和评估。

一些工具可能会用于设置通用流程，能够针对不同的内容进行复制，而另一些工具则可能更具体地针对内容和领域。

尽管我们一直在开发和探索这个框架在我们自己行动领域的应用[1][2]，但在本书中，我们有意未提供其实践案例。之所以这样做，是基于提供一个例子必然会引导概念并将其固定在一个特例中。该框架未来在不同领域的应用可能会对其发展及进一步的差异化和整合产生反馈。在这个阶段，用狭义的例子锁定框架可能会限制我们希望在不同领域激发的探索性运动。通过特定类型的内容来说明复杂思维属性的实践，我们有可能无法吸引那些从事完全不同类型系统工作的人。此外，即使对于一个特定的领域，任何例子都必然只是设置特定属性的许多可能方式中的一种。当一个人提出（或被提出）一些不同的（或新的）概念时，他们往往会要求其对话者提供这种概念的具体实例。但当所涉及的"事物"相对复杂（分化的、综合的、递归的、涌现的）或模糊时，很可能一个例子（或模型）就不够了。提供一个例子可能会阻止对现象其他方面的探索，这对更全面和彻底的理解至关重要。在这种情况下，如果一个人确实提供了一个特定的例子，那么其他人在第一次接触到这个想法时，可能会做出"所以，就是这么回事？！"这样的评论。作为回应，面对概念的复杂程度，陈述者可能会觉得不得不做出类似的回应："是的（它也

---

[1] 作者以家庭为重点开展工作，一直在开发"支持复杂案例概念化以发展和促进家庭变革潜力的指南"，该指南特别适用于多问题家庭和儿童保护的情况。她一直在制定策略，在概念化和处理家庭变化的过程中，体现本章所述的复杂思维的特性，同时关注将家庭理解作为复杂系统的关键"内容"维度（Melo, 2020）。

[2] 例如，我们提出了一种关系思维方法（Caves et al., 2018），该方法导致了其他发展（Melo et al., 2020; Melo, 2020），即应用于促进跨学科的复杂思维（如跨学科讨论或辩论），并为大众传达关系递归思维的概念。例如，约克思想节的研讨会（http://yorkfestivalofideas.com/2018/community/d estination - unknown/）；在 CES Vai à Escola 推广计划（https://www.ces.uc.pt/extensao/cesvaiaescola/）的背景下为学校举办的会议，即复杂思维学院研讨会。

■ 演绎复杂性：建立复杂思维的实践基础

是)……但不是（它不仅是）……而且……（有一些变化、背景需要考虑，可能会改变事情），另外……（也有更多或更少的东西，取决于情况）"。因为我们在此初步介绍的目标是要达到最广泛的受众，所以我们将避免把复杂思维属性的概念定义局限于特定的现实。相反，我们选择提供更抽象、更注意过程的定义。我们希望这些属性在应用于特定领域时能获得特定的轮廓和明确性。我们期望在未来的跨领域和跨学科的对话和研究中，对其的充分理解和实践潜力能够得到阐明。此时，我们将对这一概念的实用性探索留给了各种领域和感兴趣系统[①]。未来的工作应该探索实践更复杂的思维形式的各种可能方式，识别现有的实践，同时在领域内和跨领域的比较中开发和评估新的工具和策略[②]。

我们邀请读者参与思考如何将所提出的概念在他们的现实生活中实施，并将他们领域的内容引入其中：

- 思维是怎样的（与目前的实践方式有什么相似和不同之处）？
- 如何针对不同类型的问题来实践复杂思维的不同属性？
- 在某一领域和各领域之间，目前的主流思维模式有多大的不同或相似？
- 思维的信息内容的性质或类型可能有什么不同，它如何塑造或影响这一过程？
- 在与目标世界互动的递归循环中，这些属性如何告知我们信息产生和更新的方式？
- 可以通过哪些方式（更多地/更好地）设置这些属性？可以使用哪些策略、启发式方法或工具？

---

① 对于那些因缺乏具体例子而感到沮丧的读者，我们留下了一份共情的说明。我们可以理解您的立场。如果您想了解更多，或参与正在进行的工作和实际应用，请联系作者。
② 这项研究是"建立复杂思维的基础项目"的重点——参见后记。

4 复杂思维的操作框架

　　这些是在此所提出的框架所展现的一些问题，我们希望在未来的工作中加以解决。一般来说，我们的目标是在不只是基于一两个例子，而是基于对可能支持复杂思维的多种实践进行比较性探索，展开广泛对话。我们假设有些属性可能更突出，对于某些领域来说似乎更相关。有些将同样适用于自然、生物、物理和社会系统，而另一些将作为社会复杂性的基础属性与后者具有特殊相关性，因为在特定领域可能会有一个更强大的传统，特定属性的实践可能有更强的传统，对于这些属性，很多现有的工具和策略已经可用，而其他工具和策略还有待开发。

　　复杂思维的属性被认为是构成思维系统的一部分，它们非线性地相互作用。通过它们的交互，它们会产生特定类型的涌现结果，这些结果将进一步制约和塑造各个部分、它们的交互，以及作为一个整体的思维的展开动态。思维可能会因各种属性的结合而变得丰富。这些属性可能会在彼此之间建立不同类型的关系。这些都是在未来的调查中要解决的问题。我们推测，根据这种属性组织的思维过程更有可能产生多种（丰富的）描述、解释和预测，从而开辟更多的行动可能性。未来的工作应该体现出思维不同属性之间关系的性质，以及不同的设置如何支持类似或不同类型的涌现结果。例如，一些属性可能是其他属性的重要前提，而另一些属性可能作为属性网络中的激活器或枢纽。有必要进一步研究它们如何相互组织、交互，以及在哪些条件下它们支持特定类型的结果。因此，有必要通过描绘复杂思维的关系结构和动态，来描绘它们属性之间的关系结构和动态。不同的属性设置，无论是同步的还是异步的，对于支持特定类型的感兴趣系统的积极结果也可能有或多或少的影响。

　　思维的不同属性会产生不同类型的信息和观点（视角），从而导致思维在不同维度上的分化。思维可能通过思维轨迹的迭代和递归过程来发展，在这个过程中探索不同的变化和整合方式，产生新的观点（Caves et al., 2018)。思维轨迹的概念是指以特定配置和属性序列进行实验，并以特定方式展开的过程。有些属性可以按顺序练习，有些可以嵌入其他属性，另一些则可以为其他属性的发展创造一个背景或舞台；一些支持（促进）复杂思维的工具可能针对特定的（或更小的）属性，而其他工具可能需要结合使用，以便针对更广泛的属性。随着促进复杂思维经验的增长，可能会出现新工具，这些新工具在规划和管理思维过程中采用各种策略来协调相互关联的属性网络。有必要确定那些没有足够工具（或资源）的属性，并激励新工具（或资源）的开发。

在某些情况下，对不同性质的实践所产生的视角之间的互动进行预演，可能会导致出现更高程度的新奇的假设，这些假设可以为新的行动提供信息，并产生额外信息来进一步促进思维的复杂性。对这一过程的有意管理可能意味着要熟练地使用多种策略和工具，尤其是协调和整合它们的方法。

我们的建议可以指导未来的研究，以建立必要的知识，从而进一步发展复杂思维的操作框架，使之成为：①一套微观框架（适用于特定领域）；②一个原则的元框架，随着它的展开，通过不同属性之间的有意协调和配合来指导复杂思维的表现，建立思维的轨迹，增加其的（相对）复杂性；③用于指导我们选择支持复杂思维实践的工具和策略的元方法。

这种元方法的发展可以作为一种归纳法实现，采用以下方式（Melo, 2018）：①建立一套发展复杂思维的实践和策略，作为归纳推理的一种形式；②培养基本的探究姿态，并为与感兴趣目标系统的耦合做出强有力的、适应性的和敏感的贡献；③提出一套复杂思维实践的策略，产生丰富的信息和关于感兴趣目标系统的多种观点，以及协调和创造性探索如何将这些观点结合，引发新的见解。当这些过程在跨学科互动的背景下发生时，为了复杂思维递归式发展，通过跨学科和为（更丰富或新颖的）跨学科的复杂思维的发展，它们成为跨学科溯因（Melo，2018）的策略。

在本章各节中，我们提供了每个维度的初步定义和复杂思维的相关属性，将我们的提议整合为一个复杂思维的操作框架。我们将试图为每个属性提供一个以过程为重点的、无内容的定义。有许多属性已被确认或与生物、自然系统以及许多社会和人类系统的运作相关。这份属性清单是我们对不同领域中与复杂性有关的文献进行探索和整合的结果，但它并不是一个罗列复杂系统属性的练习。在应用于思维时，我们并不期望这些属性一定会与其他复杂系统中可能出现的行为或表达方式直接对应。它们应该更多地被看作发现的启发式方法。未来工作的挑战将是确定这些特性在我们的思维层面上的具体表现方式。在未来，探索有关这些概念的文献，描绘现有的贡献及它们之间的关系和实践，将是相关的。基于这个原因，并且为了简化表述，我们没有为每个属性提供具体的文献参考。对于不熟悉其中一些概念的读者，我们建议在文献中寻找相应属性的例子，以表达不同类型系统的复杂性。

我们认为，通过一阶和二阶复杂思维，这些与特定过程相对应的准则的制定可能与理解和（或）管理（相对）复杂系统的变化特别相关。一方面，这份清单代表了对思维过程或其复杂性的全面描述的尝试；另一方面，它应该保持开放性，以便进行转变（作为受到复杂思维影响的结果）。

4.1 结构的复杂性

结构的复杂性与组织思维的要素性质及它们之间的关系性质有关，在某种程度上，它还与思维内容以及它们关注世界的已知复杂属性的程度有关（例如，它可能包含"复杂思维"的内容[①]）。然而，结构复杂性主要还是由这些内容的性质、种类及它们之间的关系定义。在如何探索、操纵和创造信息方面，它还涉及思维中进行的基本运动的性质。

4.1.1 结构的多样性和维度

结构的多样性和维度是指思维组织并导致各种区分和指示性行为，以及在关注的目标系统上构建多种观点的方式。这表示思维涵盖各种要素和不同种类的信息，包括在允许信息被扩张、增强和丰富的强烈耦合背景下产生的要素和信息，此外，还表示思维包含（创造）与目标系统的关系世界的多维和次维相对应的信息。[②] 这一属性与思维的差异化有关。

4.1.2 关系性

关系性是指思维的组织程度，它允许在关系方面探索信息，考虑多种关系（或关系属性）每单位信息（或维度）都在相互关系的背景下被探索。它还包括：①思维在不同思维要素和目标系统的相关信息间探索多种联系和属性的程度；②作为思维的一部分要素（或维度）的集成程度。

4.1.3 递归性

递归性是指：①思维创造和探索有效信息的程度，通过多种非线性活动（不同的活动涉及思维的不同要素或维度，创造与探索不同的关系配置）；②思维包括递归性转折的程度，因此允许相同的或以前探索过的维度，以探索新的关系，从而将信息从思维轨迹的后续点转移和整合到（重新）访问以前探索的维度和关系。

[①] 详见 3.2 节。
[②] 参见 Caves et al., 2018。

这一属性还指思维轨迹在探索目标系统及其关系世界的不同维度时建立循环的路线。高阶模式或组织概念可以通过对循环路线的探索来确定，在关系的核心配置的支持下，通过递归循环来稳定关系网络中一定数量的维度。

4.2 动态/过程的复杂性

动态/过程的复杂性是指与时间有关的思维组织，以及思维在关注世界的动态和过程的同时管理自己的方式。

4.2.1 时间尺度

思维的特点可能是它在多个时间尺度和时间模式中展开的方式，这些模式既有区别又有整合，并以产生多种差异的方式相互作用，从而产生丰富的信息和多种视角。思维通过其展开递归性，为其自身的转变提供信息，避免被锁定在一个时间尺度和时间模式中，从而保持探索多个时间和时间尺度的可能性。思维的程度取决于能够关注和协调感兴趣系统的多种时间尺度和时间模式。

4.2.2 动态过程

这一属性是指思维具有过程导向并被动态地组织，由此在多个维度上产生一系列差异（如不同的维度、时刻、背景）和信息变化，从中产生多种观点。思维侧重于过程（而不是内容或静态状态）的程度，将关系世界中的不同元素和事件及其（协调）转变联系在一起。

4.2.3 相对性、模糊性和不确定性

思维的一大特点就是它被嵌入在对关系世界明确或隐含考虑所产生的

相对立场。这一属性是指思维将其描述、解释和预测进行框架化和背景化,并认同一个特定的相对立场;它还指思维如何容忍和接受多种(相对的)观点,以及如何接受和整合由世界的复杂性带来的模糊性或不确定性,即它的关系性和相对性,同时对与其他不同立场的各种关系保持开放。

4.3 因果关系和解释的复杂性

因果关系和解释的复杂性是指思维如何应对因果关系和解释,并通过它们开启行动的可能性。

4.3.1 互补模式与最终结果

这一属性是指思维被特定的最终结果所驱动,并选择与之一致的不同组织模式(如描述、解释、预测或推测性质),还指思维承认其组织模式的潜力和局限,从而更替(或整合)不同的互补的模式。

4.3.2 历史性

这一属性是指思维关注对其自身路径的依赖性,并保留了对过去轨迹的记忆,包括其结构安排、动作和转变、选择点、分岔和状态变化的历史,以及制约其结果的背景条件和记忆。

4.3.3 复杂循环性

这一属性是指思维以循环的方式组织,进行区分以确定多个层次,并在任何目标出现的整体(现象)的层次上考虑其构成部分(元素)的层次,以及其边界和背景条件的层次,从它们的相互差异和相互依赖的角度来循环地探索它们；也指思维识别（建构）并跨越新的和（或）不同的层次，既关注每个层次的特点，又关注连接这些层次并相互影响的层次间过程；还指思维扩展或折叠层次，并根据它们提供的信息获取途径的程度来探索它们之间关系的不同属性，这些信息要么扩大和丰富，要么减少和削弱行动的可能性；同时还指思维管理其自身的限制（如实验不同的轨迹和边界条件），并探索其自身部分（初始结构要素）和其产出之间的关系的特性和不同种类，从而创造或促进新信息的出现或新观点的产生。

4.3.4 涌现

涌现是指思维被组织后，在新的要素（或维度）方面出现结果，而这些要素（或维度）是以前的思考所不具备的，并且不能直接归结为那些以前已知的要素（部分）；指思维导致新的描述、解释、预测，它们在可以被测试和（或）导致新信息出现的背景下，以假设的形式为新的行动方案提供信息。思考涌现的结果被用作约束条件，在这种约束条件下，以前的有效信息可以被重新塑造、重新解释、探索并以新的方式联系，从而促进新的见解，并阐明进一步的信息需求和要求。

4.4 对话的复杂性

对话的复杂性是指思维如何整合和处理世界的（看似）矛盾、对立或互补方面，以及支持这些方面的过程。

4.4.1 二元性和互补性

二元性和互补性是指思维以动态的互补性来组织二元性和矛盾，认识到对立面和二元性在互补对方面的相互界定，并整合或弥合它们；还指思维以灵活的互补对来考虑自己的结构成分，它根据自身的制约、潜力、适用条件和各自的后果来定义。思维避免了僵硬的二元论或二元论立场，并建立了允许互补对之间有灵活的关系，允许其关系的性质发生变化，以及允许与关注的目标系统有关的积极行动路线的意义框架。

4.4.2 三元性与层次

三元性与层次是指思维考虑了产生其自身二元性和互补性，以及目标世界的二元性和互补性的过程，并注意到深层的过程：①在较低层次解释二元性/互补性的出现；②在较高层次将其整合，最终产生新的互补性。思维交替并联系不同层次，以避免（或整合）悖论，或将僵化的二元性最终转化为新的、灵活的互补对。思维在三要素（二元性和解释它们的过程）及其组织层次方面，确定与每个层次的性质和每个选择的框架更一致的行动类型。

4.5 观察者的复杂性

观察者的复杂性是指观察者通过管理其在耦合关系中的自我定位，从而对思维的复杂性做出具体的积极贡献。

4.5.1 多重定位

多重定位是指观察者对其所关注的目标系统和环境的定位进行试验，并以产生各种信息的方式管理他们对耦合关系的特定贡献，在此基础上可以创造出对目标系统的不同观点或看法，并进行多种区分和指示行为，以达到对关注的系统（或情况）的复杂理解。

4.5.2 反射性

反射性是指观察者将思维过程转向自身和他们自己在与思维过程本身有关的特定关系配置中的作用，以及观察者的内在因素（如情感、生理和认知因素（价值、习惯、意图、偏好））和外部环境约束（如社会环境、物理环境条件），这些因素形成了思维的过程、特性和结果。反射性还指观察者对思维的潜力和局限持有丰富的看法。

4.5.3 意向性

意向性是指观察者的意向、理想、愿望、价值和目标推动思维过程的方式，指观察者识别他们的意向所带来的制约。意向性还指思维过程被有意地管理，而且观察者的意向性与思维过程和结果之间存在一致性。

4.6 发展性和适应性的复杂性

发展性和适应性的复杂性是指思维朝着增长分化、整合及兴起能力的方向发展，能够适应并与自身的转变、关注的目标系统及其环境和包含它们的关系配置的转变一致地共同发展。

4.6.1 发展的适应性价值

这一属性是指思考所带来的行动方案对特定的结果（或目的）而言，在生态系统上是合适的、可持续的；还指在没有重大伤害（或负面的意外后果）的前提下，那些行动方案支持关注的目标系统和它们的关键观察者以及它们的嵌入环境积极地共同进化。

4.6.2 发展演化性

发展演化性是指思维通过创造和整合各种能够支持其自身变化的手段，包括环境中的转变、关注的目标系统中的转变，以及维持这些改变的关系配置中的转变，向日益复杂化发展；还指思维能够识别对其自身进化积极和消极的约束，并实施促进向更复杂的方向积极发展的策略。

4.7 语用的复杂性

语用的复杂性是指思维将行动导向各种各样的可能性，并为务实的，能够产生积极、可持续或适应性结果的相关行动方案抉择提供依据，这一点在不同的时间点上被多个关键观察者认可。

4.7.1 语用价值

语用价值是指思维带来了一种新颖性，这种新颖性显得很有启示性（洞察力），并开辟了语用性相关的新行动路线；思维带来了一种增强的理解，并增加了更多实际可行的行动可能性；还表示思维为了给定目的，引向可能带来正面结果的选择，这一点得到了众多批判性观察者的认可。

4.7.2 语用可持续性

思维的语用价值及其行动方案在众多批判性观察者看来，在特定的时间范围内，其积极的结果能够被保留或以积极的方式转变，同时避免不必要的后果或伤害，是可持续的程度。

4.8 伦理与美学的复杂性

伦理和美学的复杂性是指过程和结果与激励它们的伦理和美学立场相一致，并带来被众多批判性观察者认可的善和美。

4.8.1 伦理价值

伦理价值是指指导思维过程并引发其结果的价值是明确的，并与观察者的伦理参考框架相一致，且该价值被多种关键观察者认为是有价值的和好的。

4.8.2 美学价值

美学价值是指思维结果的过程和结论产生了一种连贯性、清晰性、突现性和整体和谐和美感，并得到了众多批判性观察者的认可。

4.9 叙事的复杂性

叙事的复杂性是指思维被组织，或导致一种维持多方面现实的叙事，它在某种程度上，可以被众多批判性观察者承认（或认可）是灵活的、有区别的、综合的，且能够演变，以适应涌现的新事物。

4.9.1 分化和整合

分化和整合是指支持和（或）表达思维的过程与结果的叙述是分化和整合的，能够容纳各种维度和子维度，同时保持一种更高层次的整合。该整合能产生一种使所有要素都具有意义的连贯性、丰富性和多维感。

它还指叙事能够表达思维的复杂属性，并以高度分化、整合和递归的方式，将各种视角、时间线和时间尺度、背景、递归循环和小型叙述综合为一个连贯的整体。

4.9.2 身份性

身份性是指支持和（或）表达思维的叙事是以这样一种方式进行组织：独立于其多维性和它所整合的各种观点，允许众多批判性观察者认识到他们的首选身份。身份性也指叙事向众多批判性观察者提供行动的各种可能性，这些行动可能与它们和彼此之间的更喜欢或更趋向的身份相对应。

4.9.3 灵活性/开放性

灵活性/开放性是指叙事包含了新奇、灵活和开放的要素，使其能够被转化和发展，避免僵化的状态或最终的封闭。

4.10 参考文献

L. Caves, A. T. Melo, Gardening: a relational framework for complex thinking about complex systems, in *Narrating Complexity*, ed. by R. Walsh, S. Stepney (Springer, London, 2018), pp. 149 – 196. https://doi.org/10.1007/978 – 3 – 319 – 64714 – 2_13

A. T. Melo, Abducting, in *Routledge Handbook of Interdisciplinary Research Methods*, ed. by C. Luria, P. Clough, M. Michael, R. Fensham, S. Lammes, A. Last, E. Uprichard (org.) (Routledge, London, 2018), pp. 90 – 93

A. T. Melo, Método de pensamento relacional complexo para facilitação da emergência e integração de ideias em debates, tertúlias e outros encontros dialógicos. v2. pt. 2020 (2020). https://doi.org/10.13140/rg.2.2.21504. 38409

A. T. Melo, L. S. Caves, Relational thinking for emergence: a methodology for guided discussions. v1. 2019 (2020). https://doi.org/10.13140/rg.2.2. 30469.70881

5

讨论：从思考到执行的复杂性

摘要：思维复杂性的挑战促使人们不断探索更复杂的模型、仿真方法及相关分析技术，旨在更好地理解世界及其变化过程，同时提高对思维复杂性的驾驭能力。然而，自然界和人类社会都揭示了一条尚未被证实的通向复杂性的解决途径：人类不但需要学习并理解复杂性，还需要实践复杂性。本章将回顾基于实用主义理论框架的复杂思维实践的一套全新理论；与"限制性复杂思维"相比，正如 Morin 等人所提出的观点，需提出一种更广义的复杂性的定义；此外，本章将围绕复杂性思维的定义、可能的框架、对未来研究与实践的影响进行探讨。

关键词：复杂思维；复杂性实践；广义复杂性；实践

■ 5.1 从思考到执行的复杂性

思维复杂性的挑战促使人们不断探索更复杂的模型、仿真方法及相关分析技术，为的是更好地理解世界及其变化过程，同时提高对思维复杂性的驾驭能力。然而，自然界和人类社会都揭示了一条尚未被证实的通向复杂性的解决途径：人类不但需要学习并理解复杂性，还需要实践复杂性。复杂世界（也包括我们自己的思想世界），无不处处向我们展示超预期的特点。它们可以借助持续的分化、整合和递归发展，导致并产生新关系的配置涌现，这些关系配置在不断变化的世界中打开了新维度（从而产生更多可能性）。人类不断学习如何更好地发现并规范自然界和人类社会领域的共同属性特征，在此过程中建立与世界相联系的各种方式方法：即使在仅获知部分（或极为有限）信息的情形下，这类方法也能为行动开辟全新的可能性，并引导我们做出潜在的、更为积极和实用的决策。通过学习并实践复杂性、探寻复杂思维的属性，人类可以获得并创造积极的、有价值的、持续发展的驾驭这个世界并指导行为的基本方法。

Morin 对复杂思维的诠释与构想尚未得到充分的证实，复杂性科学在很大程度上仍然在"限制性"复杂方法的框架内运作（Morin，2007；Melo et al.，2019）。因此，有必要为创造一种更为"广义"的方法并开创全新的研究空间，建立丰富的实践资料"库"来实践复杂性，以及构建一个有序组织的研究框架。本书提出了一个复杂思维的操作框架构想，旨在推动针对复杂思维不同属性的研究"数据库"。未来该框架将在探索并建立协同作用的基础上继续延伸发展。此构想建立在关系和实用主义的世界观之上，让人类从中获得基本的本体论和认识论基础，并将复杂思维作为一种关系属性来定义。我们既可以将复杂思维视为一种耦合的模式或过程，又可以将其视为一种结果，观察者可以对其做出特定的贡献。我们还将复杂思维作为一个相对概念来理解，作为一个动态的、可能会演化的概念。本书总结了关于复杂思维实践相关的维度和属性，作为一种与世界复杂性一致的耦合模式，有可能导致更积极的结果。其中，

■ 演绎复杂性：建立复杂思维的实践基础

重点提出了复杂思维的维度和属性框架，以及它可作为识别、建立和评估系统的工具、制订相关控制策略，并促进策略的有效整合。这种复杂思维的操作性定义旨在将复杂思维从理论领域引入实践。例如，系统思维、二阶控制论等传统思维为丰富我们对思维复杂性的理解做出了巨大贡献。然而，我们认为此类思维的一些重要属性不是被或多或少地忽视，就是还未在实践中获得充分应用，还有可能在某些领域极少被关注。另外，复杂思维和涌现新的复杂思维需要一套多样化的综合实践，包含不同属性的设置，以及以目标为导向地实现组织协调。本书所提出的框架为未来工作奠定了基础：探索不同属性和因素间关系的本质，以及如何将它们不断递归应用于耦合过程本身，以增加思维的复杂性。这就依赖于发展更复杂的方法，需要我们不仅要理解和管理世界的复杂性，还要在反复迭代的紧密关系中理解和管理思维本身的复杂性。

此框架将促进未来发展一种元方法论，即通过探索不同属性和定义这些属性间的关联，在实践过程中实现对思维复杂性的有效控制与管理。在探索复杂思维不同属性间的关系本质，以及有目的地驾驭这些关系网络的过程中，研究与实践同等重要，以便可以促进更复杂的结果涌现。

这也顺应了复杂思维亟需跨学科研究的呼声，因为一个适用于特定领域的研究工具与策略终将推动其他领域新方法的提出与现有方法的完善。复杂思维以一种互补的方式（特别是应对现实世界的复杂性挑战时），可为跨学科的交流与融合提供指导。

本书提出的框架有待进一步在实践中加以验证，已建立的工具与策略也有待被重新鉴定，特别是这些工具和策略中本身就带有复杂思维的基本属性。对现有工具和决策的深究将有助于针对特定属性（或其与其他属性交互作用）的新工具与评估策略的开发。同时，定义特定领域复杂思维的描述指标，制订与之相关的评估策略，也同样具有重要的研究价值。

我们希望这一构想可以在学科内及不同学科间激发新的对话，促进理论基础和实用框架的建构，以促进复杂思维应用于理解和控制复杂系统的模式变化。我们相信，复杂思维的概念将在理论和实践层面均可获得可持续发展。我们预想，会有新的属性不断被认识到并逐步完善理念框架，还会有一些属性会被整合，同时也伴随着一系列实践和工具的发展。

最大的挑战在于对这个概念的实用性测试，特别是特定领域的二阶复杂思维。因此，我们邀请学者、研究人员和从业者共同努力，为发展和评估我们与相连接的世界的实践创造条件，以理解其复杂性。细致的研究及相关实践可用来解释复杂思维在多大程度上、在何种条件下对综合实践所产生影响的大小与规模（Bateson，1979）。最后，我们认为关系型的世界观，正如我们已树立的世界观，可成为连接现实主义和建构主义的支点，并可创造一个以实用主义达成平衡的空间。这样就可以将复杂思维的概念从辩论中解放出来，并使它的发展不再受到本体论和认识论的阻碍。这里所提出的框架也是 Science1 和 Science2（Lissack et al.，2014），以及一阶和二阶科学和控制论（Riegler et al.，2018）之间的桥梁工具，为更复杂的世界结构、更复杂的知识结构与实践打开了一扇窗。

5.2 参考文献

G. Bateson, *Mind and Nature: A Necessary Unity.* (Bantam Books, New York, 1979)

M. Lissack, A. Graber, Preface, in *Modes of Explanation. Affordances for Action and Prediction*, ed. by M. Lissack, and A. Graber(Palgrave Macmillan, New York, 2014), pp. xviii – xvi

E. Morin, Restricted complexity, general complexity, in *Worldviews, Science and U. S. Philosophy and Complexity*, ed. by E. Gersherson, D. Aerts, B. Edmonds (London, World Scientific), pp. 5 – 29

A. T. Melo, L. S. D. Caves, A. Dewitt, E, Clutton, R. Macpherson, P. Garnett, Thinking (in) Complexity: (In) definitions and (mis) conceptions. Syst. Res. Behav. Sci. **37** (1), 154 – 169 (2019). https://doi.org/10.1002/sres.2612

A. Riegler, K. H. Muller, S. A. Umpleby, *New Horizons For Second – order Cybernetics* (World Scientific, Singapore, 2018)

6 后 记

本书介绍了应用于复杂系统中变革管理的复杂思维实践框架的基础。这个框架可以为跨学科调查不同领域的复杂思维实践提供指导，并为开发、选择和评估应用于复杂系统变革管理的复杂思维战略和工具提供跨学科的方法。这项研究是"建立复杂思维基础项目"（Building Foundations for Complex Thinking Project）的重点，该项目由 Ana Teixeira de Melo（葡萄牙科英布拉大学社会研究中心研究员）领衔，Leo Caves（独立研究员，英国约克大学约克跨学科系统分析中心副研究员，葡萄牙里斯本大学科学哲学中心的合作者）和 Philip Garnett（约克大学约克管理学院）共同领导。本项目还将尝试开发无内容的工具模板，以支持复杂思维的特定属性的实践，并指导工具的选择；这些工具也是为特定领域开发的。这个项目将进一步发展这个框架，以探索复杂思维属性之间的结构和动态关系，以及如何在这个复杂世界的干预措施的规划、实施和评估期间有意识地管理它们，以支持积极的结果。

如果您有兴趣参与，请联系作者。